자연의 기계

생체역학자 미미 코엘

자연의 기계

생체역학자 미미 코엘

드보라 파크스 지음 | 한국여성과총 교육홍보출판위원회 옮김

해나무

시리즈에 대하여

이 시리즈에 나오는 이야기는 실존 여성들과 그들의 탁월한 과학적 업적을 다루고 있다. 이 여성들 중 어떤 이들은 아주 어린 나이부터 과학자가 되고 싶다는 것을 알았고, 어떤 이들은 한참 후에야 깨달았다. 어떤 이들은 업적을 쌓아가는 과정에서 개인적·사회적 장애를 극복해야 했고, 어떤 이들은 좀 더 단순하고 순탄한 길을 따랐다.

배경과 살아온 이야기는 다르지만 여기에 나오는 비범한 여성들은 하나같이 중요한 신념을 갖고 있었다. 자기가 하는 일이 매우 중요하며, 그 일이 세상을 더 좋은 곳으로 만들 수 있다는 신념이다.

수많은 여타 전기물과 달리 이 시리즈는 현역에서 활동하는 과학자들의 삶의 연대기다. 이 여성들은 다양한 방식으로 이 책을 만드는 데 참여했다. 자신의 인생에서 중요한 세부 사항을 공유

했고, 예시 자료로 쓸 수 있게 개인의 사사로운 사진들을 내놓았으며, 가족이나 친구, 동료들이 인터뷰에 응하도록 요청했고, 독자의 관심을 끌 수 있도록 자신의 전문성을 살려 과학적으로 설명해주었다.

이 시리즈는 새러 리 슈프Sara Lee Schupf와 미국 국립과학원의 전폭적인 도움이 없었다면 성사되지 못했을 것이다. 개인으로서나 조직으로서나 이들은 세상을 이해하려면 과학을 추구하는 게 중요하다는 신념으로 뭉쳐 있었다. 이들은 혁신적인 과학자가 된 지적 호기심이 많은 인물들의 이야기가 독자들에게 즐거움과 깨달음을 제공하기를 바란다. 그리고 이 이야기들이 비슷한 꿈을 좇는 재능 넘치는 이들에게 영감을 불어넣기를 희망한다. 과학 분야의 직업에 도전하는 것은 대단한 일이며, 나아가 그 보답은 훨씬 더 클 것이다.

차례

머리말

역동적인 자연

울퉁불퉁한 해안선에 달라붙은 해초와 생물이 깨지지 않고 강한 파도에서 살아가는 비법은 무엇일까? 동물들은 어떻게 미끄러지듯 움직이며, 무엇이 다른 동물들보다 기동성을 좋게 하는 걸까? 더듬이는 어떻게 물속에서 소용돌이치거나 바람 속에 퍼지는 냄새를 맡을 수 있을까? 부드럽고 물컹거리는 동물들은 골격 없이 어떻게 움직일 수 있을까?

이것들은 미미 코엘Mimi Koehl이 조사한 몇 가지 질문들이다. 그녀는 생체역학이라는 과학 분야에서 일하고 있다. 미미는 물리법칙을 이용해 생물이 특정 환경에서 어떻게 움직이는지, 주변의 물이나 공기와 어떻게 상호작용을 하는지 등을 연구한다. 그녀는 유기체의 모양, 크기, 강도가 그 유기체가 특정 작업을 수행하는 데 어떤 영향을 끼치는지 이해하려고 한다. 미미는 실험실에서만 처박혀 일하지 않는다. 그녀는 자연으로 나가 연구 대상과 직접

마주친다. 그렇게 해야 분석하려 하는 생물들의 물리적 환경을 측정할 수 있다.

현재 미미는 캘리포니아 대학교 버클리 캠퍼스에서 학생들을 가르치면서 연구하고 있다. 미미는 과학자가 된 것을 좋아했지만, 과학자가 되기 위해 투쟁해야 했다. 그녀는 여자는 과학자가 되어서는 안 된다고 생각한 가족의 저항에 맞서 싸웠다. 또한, 그녀는 난독증으로 읽는 것에 큰 어려움을 겪었다. 그러나 미미는 이런 모든 장애물을 극복해 세계적인 과학자가 되었다. 이 책은 미미가 세계적인 과학자가 되기까지 그 과정을 담은 이야기다.

미미의 업적은

어린 시절

그녀에게 쏟아지던 기대를 훌쩍 뛰어넘었다.

생체역학자 미미 코엘(왼쪽에서 세 번째)을 포함하여 캘리포니아 대학교의 버클리 캠퍼스 상을 받은 교수들이 1991년 기념식에서 박수를 받고 있다.

1장

희망의 전화

1990년 7월 미미 코엘 박사는 캘리포니아 대학교 버클리 캠퍼스의 사무실에 있는 자동 응답기의 음성 메시지를 확인했다. "맥아더 재단의 켄 호프Ken Hope입니다. 당신은 맥아더 펠로십MacArthur Fellowship 대상자로 선정되었습니다."

미미는 당연히 'Ken Hope'가 실제 이름일 리 없다고 생각했다. 물론, 맥아더 펠로십을 받는 것을 "바랄 수는 있다can hope." 하지만 맥아더 재단은 연간 20~30명에게만 펠로십을 제공한다. 그녀에게 이런 생각이 스쳐 지나갔다. '이것은 분명히 짓궂은 장난일 거야. 내가 하는 연

미미는 자신의 창조적인 연구 업적으로 맥아더 펠로십 대상자로 선정됐다. 그녀는 산호 같은 유기체가 물이나 공기와 어떻게 상호작용하는지 연구한다.

구에 수십만 달러를 지원할 사람은 아무도 없을 테니까.'

"누구십니까?"

"미미가 짓궂은 장난이라고 여긴 것은 다 이유가 있었습니다." 라며 미미의 멘토 밥 페인Bob Paine이 웃으며 말했다. 밥과 미미는 수년 간 서로에게 개그와 농담을 주고받았다. 미미는 밥이 워싱턴주 근처의 해안 섬 생태 연구를 수행할 때 그 현장에 플라스틱 핑크 플라밍고pink flamingo를 가져다 둔 적이 있다. 밥은 심지어 미미의 잔디밭과 사무실에도 핑크 플라밍고를 가져다 두었다. 밥은 거기서 멈추지 않았다.

그는 'F. L. 밍고'라는 이름으로 미미의 대학원 과학 프로그램에 입학 신청서도 보냈다. F. L. 밍고는 분홍색 플라스틱 새 치고는 성적이 우수했다.

오빠 밥 코엘Bob Koehl이 미미에게 농담을 건네면 그녀도 맞받아쳤다. 그들의 농담은 그들이 어린 시절 즐겨 보던 TV 프로그램 〈바보 삼총사The Three Stooges〉에서 나온 게 많다. 밥이 물었다. "나 말고 또 누가 너한테 '뉵뉵뉵'처럼 지적인 것을 말하도록 가르칠 수 있겠어?"

미미는 농담을 모르는 사람이 아니었다. 그래도 그녀는 수수께

끼를 풀기 위해 기다릴 수 없었다. 그녀는 궁금했다. '친구나 가족 중 누가 이런 속임수를 생각해냈을까?'

그녀는 마침내 'Ken Hope'가 자동 응답기에 남긴 전화번호로 전화를 걸었다. 전화 너머로 들리는 독특한 목소리는 녹음되어 들었던 것과 똑같이 말했다. "당신은 맥아더 펠로십 대상자로 선정되었습니다."

워싱턴 대학교 해양생물학자 밥 페인은 다시 한 번 미미가 그를 놀린 것을 깨닫고는 웃는다. 이번에는 미미가 그의 차에 분홍색 플라밍고가 그려진 앞 유리창 가리개를 놓아두었다.

미미는 대화 상대방이 누군지 알려고 애썼다. 그녀는 마침내 "도대체 누구신가요?"라고 물었다.

그 목소리는 "제가 한 말을 듣지 못했습니까?"라고 답변했다.

"아니요." 미미는 대답했다. "당신이 누군지 알아내려고 하는 중이에요. 이거 농담이죠, 아닌가요?"

"아니요." 그는 대답했다. "믿기지 않는다면, 맥아더 재단에 전화해서 저를 찾으세요. 그럼 모두 진짜라는 걸 알게 되겠죠."

"정말 사실이야!"

미미가 곧 알게 된 것처럼 맥아더 재단은 정말로 미미에게 아무 조건 없이 26만 달러를 수여했다. 재단은 작가, 예술가, 무용가,

연구 여행차, 캘리포니아 해안의 엘크혼 석호로 갔던 미미는 엉덩이까지 오는 긴 장화에서 바닷물을 빼기 위하여 대학원생 수지 우스터에게 도움을 요청했다.

인권 운동가, 과학자, 교사, 농부 등 모든 사람들에게 '천재에게 주는 상'이라는 별칭의 기금을 제공해준다. 이 프로그램은 후보자들의 과거 업적을 보상하는 게 아니라, 대신 그들이 앞으로 독창적인 일을 하도록 동기 부여를 하는 프로그램이다.

"연구 장비를 사는 데 돈을 써야 한다면, 그렇게 하면 돼요. 펠로십은 제가 중요하다고 생각했던 것을 연구할 엄청난 자유를 주었어요. 제가 시도한 방식이 어떤 사람들에게는 엉뚱한 것처럼 보일지라도 저는 자유롭게 시도했습니다."라고 미미가 말했다.

미미는 다른 사람들에게 이 희소식을 전하고 싶어 안달이 났다.

그녀는 대학원생들이 연구하고 있는 실험실로 달려가 소리쳤다.

"나 맥아더 펠로십을 받았어."

"어떻게 받았어요?" 미미의 제자 수지 우스터Suzy Worcester가 물었다. "교수님은 생태학자가 아니잖아요."

수지는 맥아더 펠로십을 로버트 H. 맥아더 상과 혼동했다. 로버트 H. 맥아더 상은 2년마다 환경 연구에서 탁월한 성과를 낸 생태학자에게 수여하는 상이다. 미미는 생태학자가 아니라 생체역학자였다.

수지의 질문은 미미의 착각을 깨워주는 듯했지만, 오래가지 않았다. 지역 신문들이 기사로 소식을 전했다. 미미는 그 당시를 이렇게 기억한다. "유명한 사람들을 열거하는 기사에 제 이름을 올리는 게 너무 짜릿했어요. 그게 정말인지 확인하려고 계속 제 자신을 꼬집었다니까요."

어둠 속에서

사람들은 맥아더 펠로십에 지원할 수 없기 때문에 그것을 받게 되면 충격을 받는다. "상 받는 게 느닷없이 찾아온 것 같았어요." 라고 미미는 말했다.

1981년부터 맥아더 재단은 약 700명의 사람들에게 상을 수여했다. 매년 재단은 여러 분야의 창조적인 인물을 추천하기 위해 수백 명의 위원을 선발했다. 재단은 위원회에 속한 위원들의 이름을 비밀에 붙였다. 이를 통해 위원들은 후보자들에 대해 자유롭게 이야기할 수 있었다.

시상식에 관련된 소수의 사람들만이 미미의 선정 가능성을 알고 있었다. 그중의 한 명이 미미의 남편 잭 파월Zack Powell에게 미미의 이력서 사본을 요청했다. 이 사실을 미미에게 감추려고 잭은 미미의 이력서를 영국의 동료에게 보내는 이유를 그럴듯하게 꾸며냈다. 그러나 미미는 잭보다 선수를 쳤다. 잭의 수고를 덜어주려고, 그녀는 직접 자신의 이력서를 메일로 보냈다.

잭은 미미에게 알리지 않고 다른 사본을 얻으려고 집 안을 몰래 돌아다녔다. 미미가 선정되지 않을 수도 있었기 때문이다.

획기적인 과학

미미의 업적은 어린 시절에 그녀에게 쏟아지던 기대를 훌쩍 뛰어넘었다. 어렸을 때 미미의 엄마가 줄곧 들려주던 잔소리가 있었다. 똑똑한 여자들은 결국 노처녀나 늙은 하녀가 된다는 것이다. 미미의 엄마가 틀렸다. 남자들은 똑똑한 여자를 좋아하고, 미미는 똑똑한 남자와 결혼했다.

잭은 버클리 대학교에서 해양학을 연구하고 가르쳤다. 그는 해류, 지구 기후 및 플랑크톤 전문가다. 플랑크톤은 해양 먹이사슬이 많이 의존하는 작은 동식물을 말한다. 그는 물리학과 미적분학에 관해 이야기를 나누며 함께 아침 식사를 할 수 있는 사람과 결혼한 것에 매우 흡족해했다.

미미의 남편 잭 파월이 캘리포니아 해안에서 배의 키를 조정하고 있다.

잭은 또한 미미의 획기적인 연구를 높이 평가했다. "맥아더 펠로십을 받게 되자, 사람들은 그녀의 연구가 특별하다는 것을 인식하기 시작했어요. 생물학의 사고방식과 역학이나 공학의 사고방식은 전적으로 다른 것이죠. 그런데 미미는 자연에서뿐 아니라 실험실에서도 생물학과 역학, 공학을 함께 아우르며 생각하고 있어요. 그건 너무도 독특하고 창의적이죠."

미미의 스승이자 박사학위 지도교수인 스티브 웨인라이트Steve Wainwright도 그 점에 동의했다. "미미가 맥아더 기금을 받았을 때 나는 너무 기뻤습니다.

미미의 박사 과정 지도교수인 스티브 웨인라이트는 생체역학이라고 알려진 과학 분야의 선두주자 중 한 명이다. 해마다 미미는 그의 상징이라고 할 만한 보타이를 새로 만들어주었다.

그녀는 내가 북아메리카에서 선도하던 분야에서 나보다 훨씬 더 큰 업적을 내놓았습니다."

"몰입하는, 창의적인 사람들"

미미가 맥아더 펠로십을 받을 때, 재단은 시카고에서 여러 맥아더 수상자를 모아 모임을 열었다. 사람들은 시 낭송, 음악 연주, 무용 공연 비디오를 보여주거나, 그들의 연구에 대해 이야기했다.

잭은 그 당시를 이렇게 술회했다. "미미는 아직도 자신이 얼마나 대단한지 인식하지 못하고 있었죠. 그래서 그녀는 다른 맥아더 펠로들에게 자기 아이디어를 선뜻 말하지 못하고 머뭇거리기만 했어요."

미미도 그때를 회고했다. "전 말을 꺼내기가 두려웠어요. 예술가, 작가, 댄서, 음악가 사이에서 저는 세상물정 모르는 과학자였고 정말 자신이 없었어요. 처음 한두 번의 모임 때, 저는 어떤 말도 하지 않았죠. 그저 다른 사람들이 말하거나 공연하는 것을 지켜보았어요."

재단은 과거와 현재의 맥아더 펠로들에게 손님을 한 명 더 데려올 수 있게 했다. 미미는 잭을 데리고갔다. 모두 명찰을 달고 있었지만, 명찰만 보고는 누가 상을 받았는지 알 수 없었다.

미국에서 가장 유명한 고생물학자 잭 호너가 1990년 몬태나에서 발굴된 티라노사우루스 렉스의 뼈를 자랑스레 보여주고 있다. 잭 역시 미미처럼 맥아더 펠로십을 받았다.

"잭은 나처럼 수줍어하지 않았어요." 미미가 말했다. "그래서 그는 거기 모인 재미있는 사람들과 대화를 나누었어요. 그들은 잭이 맥아더 펠로라고 여겼고, 저를 조용히 남편을 따라다니는 아내라고 생각했어요. 하지만, 멋진 일을 하는, 몰입적이고 창의적인 사람들에게 둘러싸여 있는 것이 좋았어요. 저는 그 상황이 매우 흥미로웠죠."

특히 기억에 남는 한 사람은 영화 〈쥬라기 공원Jurassic Park〉의 한 등장인물에 대한 영감을 주었던 유명한 과학자 잭 호너Jack Horner였다. 그러나 미미에게 강한 인상을 남긴 부분은 잭 호너와 할리우드와의 관계가 아니었다. 잭이 그녀에게 한 이야기 때문이었다. 잭은 미미에게 그녀가 난독증일지도 모른다고 처음으로 말한 사람이었다(난독증은 읽기, 쓰기 및 맞춤법 등을 매우 어렵게 만든다). 잭 자신이 난독증을 앓았기 때문에, 그는 난독증의 징후를 파악할 수 있었다. 이 점은 그녀가 궁금해하던 문제에 답을 해주었기 때문에 미미에게는 상당히 중요한 발견이었다. 그것은 또한 그녀가 혼자가 아니라는 사실을 알려주었다.

수많은 영감을 불러일으키는 펠로들과 만난 후, 미미는 마침내 생체역학에 관해 발표할 용기를 낼 수 있었다. 생체역학은 생물이 어떻게 작동하는지 이해하기 위해 공학과 물리학의 원리를 사용하는 흥미로운 과학 분야다.

미미는 자신이 깊이 사랑하고 자주 방문하는 수중 세계를 비디오테이프로 보여주었다. "저는 물리학 전체를 설명하지 않았어요." 미미가 말했다. "저를 바다로 끌어들인 모양과 형태를 사람들이 보길 원했어요. 움직이는 물, 식물, 동물의 아름다움을 보게 하고 싶었어요. 유체의 흐름이란 기막히게 멋지거든요! 그래서 저는 그들을 바닷속으로 데려갔죠."

미미가 겪었던 삶의 여정은 상당히 뒤틀리고 꼬이고 어려웠다. 난독증처럼 그녀가 직면한 장애 중 일부는 너무 심해서, 아마도 다른 사람들이었다면 포기했을 것이다. 그러나 미미는 호기심 덕분에 자신의 최대 장점을 이끌어냈다. "저는 이런 중대한 질문을 스스로에게 던지곤 했어요." 미미가 웃으며 말했다. "자연은 어떻게 움직일까?"

1995년, 오스트레일리아의 그레이트베리어리프(대보초)에서 바다로 잠수한 미미가 산란하는 해양생물을 연구하고 있다.

중요한 두 종류의 물질

미미에게는 유체와 고체라는 두 종류의 물질이 중요하다. 기본적으로 유체는 흐르지만 고체는 그렇지 않다. 그 이유는 물질의 분자 구조에 숨어 있다. 고체 상태에서 분자들은 서로 단단하게 결합되어 있지만, 유체 즉 액체나 기체 상태일 때 분자들은 서로 스쳐 지나갈 수 있다. 고체는 집어 올릴 수 있지만 용기에 들어 있지 않은 유체를 집어 올릴 수는 없다. 유체는 손가락 사이로 빠져 나간다.

고체는 힘을 가했을 때, 모양이 바뀌지 않고 저항한다. 그리고 힘을 가하는 것을 멈추면 원래의 모양으로 돌아온다. 한번 고무 지우개로 시도해보라. 부드럽게 고무 지우개를 눌러보자. 무슨 일이 벌어지는가? 이번에는 모양이 바뀌거나 구부러질 때까지 세게 누른 다음 멈춰보자. 그러면 곧바로 원래의 모양으로 돌아온다.

유체는 다르다. 욕조 안에서 손을 휘젓듯이 유체에 힘을 가하면, 유체 역시 변형된다. 힘을 가하는 것을 멈춰도, 액체는 계속 변형 상태를 유지한다. 액체는 당신이 휘저어 놓기 전의 상태로 되돌아가지 않는다.

여기에 또 다른 차이점이 있다. 고체는 얼마나 강하고 많이 변형되는가 하는 점이 중요하지만 유체를 변형시킬 때에는 그것을 얼마나 빨리 밀어내는지가 중요하다. 손으로 천천히 물을 밀어보라. 빨리 밀면 물(또는 공기)이 더 많이 저항한다.

그렇다면, 이러한 것들이 미미에게 왜 중요할까? 그녀가 고체인 유기체와 흐르는 액체가 서로 어떻게 상호작용하는지 무척 궁금해하기 때문이다. 그녀는 다음과 같은 질문들을 알아내고자 했다. 살아 있는 생물체는 어떻게 유체의 힘을 견뎌내는가? 그들은 어떻게 액체를 통해 움직이는가? 주변의 공기나 물에 섞여 있는 음식이나 냄새를 유기체는 어떻게 잡아낼 수 있을까? 미미와 같은 생체역학자에게 물리학이 중요한 것은 이 때문이다.

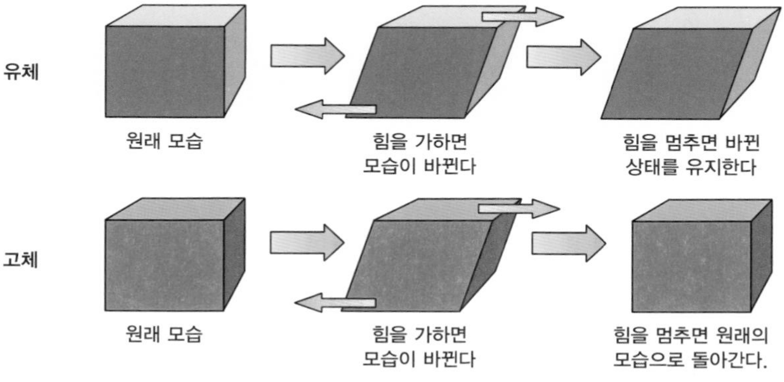

밥은 여동생을 "작다리"라고 불렀다.

자기보다 훨씬 작고 어렸기 때문이다.

7개월 된 미미가 아빠 조지, 오빠 밥과 함께 1949년 부활절 기념 사진을 찍고 있다.

2장

“소녀다운 것”

미미가 어렸을 때, 아빠는 오빠 밥Bob을 지하 작업장으로 데려가려면 거의 끌고 가다시피 해야 했다. "난 그저 게슴츠레 바라볼 뿐이었어요." 밥이 웃으며 말했다. "가도 된다는 허락을 받을 때까지 덩그러니 서 있었어요. 내 여동생은 조금 달랐죠."

미미는 기계가 가득 찬 지하실에 들어가고 싶어 했다. "목공 작업이 맘에 쏙 들더라고요." 그녀는 추억에 잠겨 말을 이었다. "아빠가 이 사실을 알고는 도구 사용법을 알려주셨어요. 그러고 나서 아빠는 손 사포질이나 톱질 같은 자질구레한 일들을 시키곤 했죠. 아빠를 도와

메릴랜드 뒤뜰에서 그네를 타고 있는 다섯 살 무렵의 미미.

서 몇 시간씩이나 물건을 만들기도 했어요."

아빠는 미미와 함께 측정도 하고 디자인 작업도 했다. 그러나 그녀는 오늘날 다음과 같이 기억했다. "저는 인형 가구만 만들 수 있었어요. 왜냐하면 그것이 소녀의 일이기 때문이었죠."

대단한 "작다리"

미미는 오빠와 함께 놀 때 '소녀의 일'에서 벗어났다. "동생이 나와 함께 놀고 싶어 할 때는, 내가 좋아하는 놀이를 해야 했죠. 우리는 장난감 벽돌로 요새를 지었어요. 우리는 탱크나 나무 어뢰를 쏘는 잠수함으로 요새를 때려 부셨죠."라고 밥은 회상했다.

밥은 여동생이 너무나 작고 어렸기 때문에 미미에게 '작다리'라는 별명을 붙여주었다. 밥은 1948년 10월 1일에 태어난 미미와 여덟 살이나 터울이 졌다. 이렇게 밥이 훨씬 더 나이가 많으니, 부모는 밥을 미미의 "주니어 아빠"라고 부르곤 했다. 미미나 밥은 주니어 아빠라 불리는 것을 그다지 좋게 생각하지 않았다. "끔찍했어요."라며 미미와 밥은 둘 다 신음 소리를 냈다.

미미는 오빠를 우러러보며 시간이 있을 때마다 그를 따라다녔다. 그래서 때때로 밥에게 문제가 생겼다. 밥은 웃으며 그 상황을 설명했다. "열두 살짜리 아이가 친구들하고 놀고 있었어요. 그런

데 네 살배기 작다리가 그림자처럼 매달려 있었죠."

"밥은 내가 결국 떠날 때까지 날 무자비하게 놀려댔어요." 미미의 말은 계속되었다. "그래도 나는 여전히 오빠를 좋아했어요. 저는 인형보다 오빠에게 물려받은 기계식 장난감, 트럭, 비행기, 삽을 가지고 노는 것을 좋아했는데, 그런 제 모습에 오빠는 아무 얘기도 하지 않았어요."

미미와 큰오빠 밥이 1954년 워싱턴 D.C.에 있는 백악관 앞에서 포즈를 취하고 있다.

페이스를 맞추어

어린아이였을 때는 말괄량이여도 괜찮았다. 미미는 나무집을 짓고 이웃 소녀들과 소프트볼, 축구, 피구를 했다. 가족과 함께 긴 하이킹에도 따라 나섰다. 엄마는 "페이스를 유지하는 게 중요해."라는 말을 입에 달고 살았다. 가족의 막둥이인 미미는 언니 오빠들을 따라잡기 위해 짧은 다리를 두 배로 빠르게 움직였다.

미미는 시작부터 달랐다. 대부분의 아이들과 달리, 가족들의

왼쪽 사진 : 미미는 엄마가 보고 있을 때 카메라를 향해 뛰어가곤 했다. 그녀는 이미 물컹거리는 물체(이 사진에서는 테디 베어)를 끌어안고 있다. **오른쪽 사진** : 겨우 두 살배기 아이일 때도 미미는 바다가 편안했다.

말에 따르면, 그녀는 걷기 단계를 완전히 건너뛰었다.

미미는 일어나서 뛰고 넘어지고, 뛰고 쓰러지고…… 제대로 해낼 수 있을 때까지 계속 반복했다.

그녀는 두려움 없이 수영하러 물에 뛰어들기도 했다. "세 살도 되기 전이었어요. 가족이 나를 바다로 데려갔어요. 저는 파도치는 모습을 좋아했고, 발 아래에서 물이 모래를 끌어당기는 느낌을 좋아했어요. 물과 수영을 좋아했죠. 저는 바다를 두려워한 적이 없어요."

그러나 부모는 미미가 점차 성장해나가자, 그녀의 말괄량이 같은 태도를 못마땅하게 여겼다. 밥의 얘기를 들어보자. "우리 부모님은 매우 보수적이었어요. 미미와 저는 능력이 비슷했지만, 저는 과학자나 의사가 되라고 교육받았어요. 남자였기 때문이죠. 미미는 여자였기에 간호사나 교사가 되라고 교육받았어요. 특별히 어느 직업이 나쁘다는 것은 아니지만, 그저 부모님, 특히 어머니는 미미가 자신을 돌봐주고 지켜줄 수 있는 그런 남자를 꿰차서 결혼해야 한다고 굳게 믿었어요. 하지만 제 동생의 생각은 달랐죠."

예술가의 초상

겉으로 보기에, 미미의 부모는 전형적인 1950년대 가족의 삶을 살았다. 아빠 조지George는 워싱턴 D.C.에 있는 조지워싱턴 대학교의 물리학 교수이자 학장이었다. 엄마 앨마Alma는 메릴랜드주 실버스프링의 워싱턴 교외 지역에서 아이들을 돌보았다.

미미의 엄마는 인정하지 않았지만, 그녀는 가정주부 외에 화가라는 다른 직업도 있었다. 앨마는 브루클린의 프랫 예술대학Pratt Institute과 뉴욕의 쿠퍼 유니언Cooper Union과 같은 미국 최고의 미술학교 두 곳을 다녔다. 사람들은 자기 초상화를 그려준 엄마에게 비용을 지불했다.

오른쪽 사진 : 미미의 엄마가 종이 위에 풍경화를 그리고 있다. 정식으로 미술 교육을 받은 앨마 코엘은 자신의 예술적인 재능을 딸에게 물려주었다. **왼쪽 사진** : 일곱 살 미미가 엄마의 자화상 아래에 앉아 있다.

"엄마는 집에 있는 작업실에서 일하셨어요." 미미는 회고했다. "엄마는 자신의 그림을 팔았는데도 항상 자신이 전문가라는 걸 인정하지 않았어요."

초상화 외에 앨마는 풍경화도 즐겨 그렸다. 때때로 엄마는 미미를 데리고 숲으로 소풍을 갔다. 미미는 "저는 조그만 접이식 의자와 수채화 세트를 펼쳐놓고 어머니와 함께 그림을 그렸죠."라며 그때의 기억을 떠올렸다.

엄마는 미미를 워싱턴 D.C.의 미술관으로 데려가기도 했다. 미미는 화가들이 손이나 옷감의 주름을 그리는 방식을 보면서 하루 종일 시간을 낼 수 있는 엄마에게서 많은 것을 배웠다. 미미는 특히 끊기거나 빠르게 움직이는 붓 터치로 그림을 그리는 인상주의 회화를 좋아했다.

“그림에 가까이 다가서면, 그저 색깔의 얼룩처럼 보였어요. 그런 다음 떨어져서 바라보면 그 그림이 대성당이나 어떤 장면으로 변하는 거예요.”라고 미미는 설명했다.

미미의 오빠는 그림을 잘 그리지는 못했지만 동생이 예술적 소양이 뛰어나다는 점을 곧바로 알아보았다. “아마 미미가 난독증을 앓았기 때문일 거예요. 동생은 사물을 특별한 방식으로 바라보는 능력이 있었어요. 내 동생이 나중에 커서 무엇이 될지 묻는다면, 나는 ‘예술가’라고 대답했을 겁니다. 절대로 ‘과학자’라고 말하지 않았을걸요.”

작다리 훌쩍 크다

미미는 밥이 대학에 입학했을 당시 초등학교 3학년이었다. 오빠는 2년이나 일찍, 그러니까 만 열여섯 살 때 고등학교를 졸업했다. 밥이 떠날 때 미미는 자신이 외동아이처럼 느껴졌다.

그녀는 이후 몇 년 동안은 ‘작다리’ 시기를 만끽하며 보냈다. 그러다 6학년 때 성장기를 겪었는데, 그때를 생각하면 아직도 얼굴이 붉어진다.

“너무 일찍 커버렸어요. 초등학생인데도 쑥쑥 자라 키가 껑충

1961년 여름 캠프에서 열두 살인 미미(맨 오른쪽)는 이미 다른 친구들보다 훌쩍 키가 컸다. 이때 키가 178센티미터였다.

한 말라깽이 소녀가 되었죠. 남자아이들도 대부분 내 어깨에 키가 닿을락 말락 할 정도였다니까요."

중학교 때 미미는 자신이 미운 오리 새끼인 것처럼 느껴졌다. 미미는 현대 무용 수업을 좋아했지만, 어머니는 미미가 다른 식으로 춤을 추게 했다. 어머니는 미미를 다른 10대들과 함께 학교 무도회에 참석하게 했다. 정말로 힘든 일이었다. "길쭉하고 비쩍 마른 몸으로는 그 당시 한창 유행이던 스타킹과 끈 없는 드레스를 오래 입고 있는 게 힘들었어요. 저는 그저 벽만 잡고 있었어요. 벽에 기대어 누군가 춤을 추자고 말을 걸어오기를 간절히 바랐어요. 아무도 말을 걸지 않더군요."

힘든 10대 초반이 지나갔지만, 미미는 자신에 대한 부정적 이미지를 떨쳐내지 못했다. "누군가 나를 불러내면 늘 놀랐어요. 이제는 나 자신을 돌아볼 때, 다른 아이들이 생각하는 내 이미지가 내가 생각하는 것만큼 나쁘지는 않다는 것을 알아요."

미미는 학교 무도회에서는 눈에 띄지 않았지만, 소프트볼에서는 두각을 나타냈다. 여자아이들이 대개 스포츠를 꺼려할 때, 그녀는 중학교 여자 소프트볼 팀에서 포수 자리를 차지했다. "포수 마스크로 머리카락을 엉망으로 만들 자세가 돼 있는 유일한 여자아이가 저였어요. 그래서 뽑혔어요."

비밀스런 반란

미미는 또 다른 이유로 불안감을 느꼈다. 오빠는 학업 관련 상장으로 벽을 도배했고, 부모는 그것을 정말 자랑스러워했다. 밥과 같은 공립학교에 다녔던 미미는 다음과 같이 인정했다. "오빠를 따라잡기는 너무 힘들었어요."

미미는 읽는 속도가 느렸기 때문에 역사나 영어 같은 과목에서 좋은 성적을 얻으려면 더 열심히 노력해야 했다. 엄마는 미미가 숙제하는 데 시간을 너무 많이 들인다고 걱정했다. 그러면서 남자아이들보다 더 똑똑해 보이면 데이트도 한번 못할 거라며 잔소리를 해댔다. 엄마는 미미의 공부 시간을 제한해 그 '문제'를 고쳤지만, 미미는 읽는 속도가 너무 느려서 숙제를 다 끝낼 수가 없었다.

미미는 반란을 일으켰다. 그녀는 부모가 잠이 든 새벽에 숙제를 하려고 침대에서 빠져나왔다. 어느 날, 어머니는 책을 읽고 있던 미미를 발견했다. 새벽에 일어난 이웃이 미미의 침실에 불이

1960년, 미미가 아버지 조지와 다정한 시간을 보내고 있다. 조지워싱턴 대학교의 물리학과 교수인 조지 코엘은 딸에게 수학으로 가는 문을 열어주었다.

켜져 있는 것을 보고 어머니에게 말한 것이다.

"여러 문제가 한꺼번에 생겼어요." 라고 미미가 웃으며 말했다. "엄마는 딸이 책벌레가 되는 걸 바라지 않았을 뿐이에요."

미미의 반란은 계속되었다. 여전히 공부하려고 일찍 일어났지만, 이제는 이불 속으로 들어가 손전등을 비추며 책을 읽었다. 이런 노력 덕분에 미미는 고등학교에 들어가서 가장 우수한 반에 배치되었다.

아버지는 미미에게 수학을 가르쳤다. 아버지는 미미에게 실수하지 않고 방정식을 푸는 방법을 알려주면서 오랜 시간을 주방테이블에서 보냈다. 바로 이 주방테이블에서 수학과 과학에 대한 미미의 애정이 싹텄다.

"정말 재미있었어요. 아버지는 초등학교 때의 간단한 산수부터 시작해 고등학교를 마칠 때까지 항상 저와 함께 공부했죠. 아버지는 수학이 내 궁금증을 해결하는 데 얼마나 훌륭한 도구인지 보여주었어요."

멋짐의 새로운 기준

수줍음이 많았을지언정 미미는 '멋지지 않은' 행동을 쑥스러워하지 않았다. "만나면 남자아이들이나 자동차, 화장 같은 얘기로만 수다를 떨려는 여자아이들이 지겨웠어요. 저는 저처럼 똑똑한 아이들을 좋아했어요."

어머니는 미미에게 인기 있는 소녀들이 하는 치어리더나 군악대장 같은 일을 하라고 강권했다. 미미는 군악대장을 골랐다.

미미는 그 시절을 이렇게 회상했다. "몇 시간이고 바통을 빙빙 돌리고 던지며 연습했어요. 심사 때, 나는 한 손에서 다른 손으로 바통을 빙빙 돌리며 던져야 했죠. 그러나 나는 두 손 사이에 내 머리가 있다는 것을 잊고 말았어요. 바통으로 내 턱을 때리는 바람에 턱이 탈골되고 말았어요." 미미는 웃으며 한마디를 덧붙였다. "그 사고 이후 8년 동안 턱에서 딸깍거리는 소리가 들렸지 뭐예요."

밥의 말에 따르면, 미미를 좋아하는 남자아이들이 꽤 많았다. "대학에서 수업 끝내고 집으로 돌아올 때마다 우리 집 문 앞에 남자아이들이 줄 서 있었어요."

미미는 고교 시절 세 명의 남자 친구와 꾸준히 사귀었지만 어머니는 미미의 결혼에 대해 늘 안달복달했다. 미미가 누구와 데이트를 하건, 어머니는 "네 남자 친구 정말 멋지구나. 걔 꽉 잡아

왼쪽 사진 : 1965년 고등학교 2학년 때 무도회에 나가기 전의 미미. **오른쪽 사진** : 졸업반 때 데이트하기 전의 미미. 친구들 말에 따르면 미미는 유머 감각이 뛰어나 힘든 시기를 잘 견뎌냈다고 한다.

라."라고 말했다.

그러나 미미는 좋은 대학에 진학하는 데 전력을 다했고, 좋은 성적을 거뒀다. 1966년에 미미는 1000명이 넘는 학생 중에서 전교 18등이라는 성적으로 고등학교를 졸업했다.

"제 성적은 오빠가 받은 성적과 비슷한 수준이었어요. 그러나 부모님은 한결같았어요. 오빠는 똑똑하고 능력 있지만 나는 그렇지 않다는 느낌이 들도록 했으니까요. 부모님은 오빠를 펜실베이니아의 스워스모어 칼리지Swarthmore College에 가도록 권유했지만 저한테는 이러시는 거예요. '거기 가면 너무 힘들지 않겠니?' 정말 이상하지 않나요?"

밥은 다른 관점으로 보았다. "동생은 공부를 너무 열심히 했고, 부모는 미미를 보호하려고 했어요. 그런데 동생은 이미 스타였어요. 부모와 동생만 모르고 있었을 뿐이죠."

"자연에서 찾아낸 형태가

아트 스튜디오에서 그린 스케치와 수채화에

영감을 불어넣었어요."

미미가 그린 스케치. 전 생애에 걸쳐, 그녀의 예술적인 관점은 과학을 보는 방법에 영향을 끼쳤다.

3장

과학의 예술

미미는 자기 앞에 어떤 길이 놓여 있는지 몰랐지만 대학 진학을 간절히 고대했다. 펜실베이니아에 있는 게티스버그Gettysburg 대학교 생활을 이야기할 때면 미미의 표정은 밝아졌다. "룸메이트가 있었고, 친구가 있었고, 파티에도 많이 갔었죠. 내 인생에서 가장 행복한 시절이었어요!"

그녀는 미술 전공으로 대학교에 입학했다. 미미는 여전히 본인의 예술적 재능에 의문을 가졌지만 미미의 친구들은 그렇게 생각하지 않았다. 친구 엘런 대니엘Ellen Daniell은 "처음 미

미미의 트레이드마크인 긴 머리는 게티스버그 대학교 졸업 앨범에도 잘 나와 있다. 미미는 미술 전공으로 대학 생활을 시작해 생물학 전공으로 졸업했다.

미의 그림을 보았을 때, 그 스케치가 얼마나 멋졌는지 정말 크게 놀랐어요."라고 말했다.

미미는 부모의 희망에 따라 초등교육 수업도 수강했다. 그녀는 1970년에 권위 있는 '컬럼비아 대학교 사범대학 도서상'을 수상했을 정도로 그 수업에서 좋은 성과를 냈다.

활짝 피어난 히피족

게티스버그에 머무는 동안, 미미는 히피족으로 활짝 피어났다. 그녀는 '대지의 여신' 스타일로 미니스커트, 진나팔바지, 목걸이, 수제 가죽 샌들 같은 옷을 입었다. 머리는 길게 기르고 귀에는 커다란 후프 모양 귀걸이를 했다.

대학 시절 미미는 기숙사에서 정치, 과학 등의 주제를 놓고 벌어지는 심야 토론을 좋아했다. 그녀는 또한 벽에 기대어 서 있느니 차라리 춤출 수 있는 파티에 가는 것을 좋아했다.

게티스버그 대학교 펜실베이니아 홀 근처는 학생들이 자주 모이는 토론 장소였다.

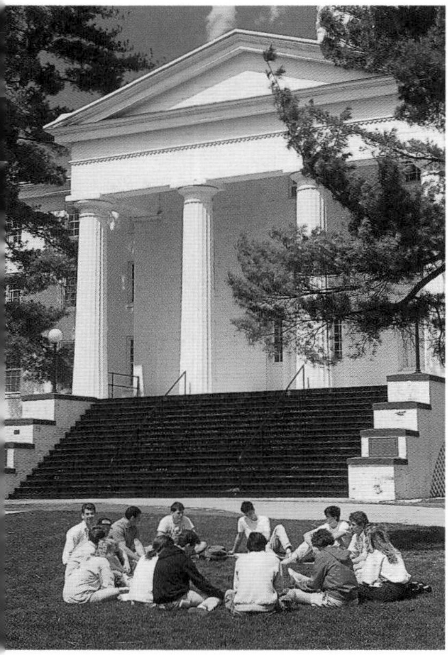

미미는 파티에 참석하면서도 성적을 챙겼다. 교양 학부대학인 게티스버그 대학교는 학생들이 균형 잡힌 교육을 받을 수 있도록 다양한 과목을 택할 것을 요구했다. 미미는 프랑스어 수업을 제외한 모든 과목을 좋아했다. 미미는 그 이유를 이렇게 말했다. "아마 난독증 때문일 거예요. 언어 과목은 정말로 어려웠어요."

미미는 지적으로 훈련을 쌓는 것에 재미를 느꼈다. "저뿐 아니라, 거의 모든 학생들이 엄청나게 공부했어요."

변화 만들기

그 무렵, 상당히 심각한 문제도 있었다. 미미가 대학에 다닐 시절에는 베트남전쟁(1963~1975)이 벌어져 수많은 젊은이가 동남아시아에 가서 싸워야 했다. 전쟁으로 국가가 반으로 쪼개졌다. 어떤 사람들은 진심으로 그 전쟁을 지지했지만, 어떤 사람들은, 심지어 전쟁 지지자와 같은 가족인데도 전쟁을 극도로 반대했다. 미미의 가족은 이 문제에

미미는 대학 1학년 동안 활짝 피었다. "나는 자유롭게 내 자신을 새로 만들었어요."

대해서는 한마음이었다. 미미의 부모, 특히 엄마가 전쟁에 반대했다. 대학에 가기 전에 미미는 엄마가 워싱턴 D.C.에서 벌어지는 항의 시위에 자주 참여하는 것을 보았다. 그 도시의 대학 학장인 아버지는 공개 발언은 안 했지만 집에서는 전쟁에 반대한다고 말했다.

미미는 대학에 들어가 반전 운동에 동참했다. 부모는 반대하지 않았다. "전쟁에서 벗어날 수는 없었어요. 전쟁은 우리의 미래를 크나큰 먹구름으로 뒤덮었어요. 그 당시 남자들은 군대에 징집되어 전쟁터로 가야 했죠."

오빠 밥은 그 큰 먹구름을 잠시 동안 피했다. 그는 예일 대학교 의대 학생이었기 때문에 징병을 유예하거나 공식적으로 연기할 수 있었다. 하지만 졸업한 후에는 어떻게 될까? 누구도 확실히 알 수 없었다. 그래서 의사가 된 밥이 메릴랜드주 베데스다Bethesda에 있는 월터리드육군의료센터Walter Reed Army Medical Center에 발령받았을 때 가족 전체가 크게 안도했다.

당시 많은 젊은이처럼 미미는 세상에 일어나는 일에 대해 두려움과 분노가 뒤섞인 감정을 느꼈다. 그녀는 어두운 얼굴로 말했다. "내가 아는 친구들 중에도 졸업 직후에 전쟁터로 많이 끌려갔어요. 몇몇 사람들은 거기서 죽었죠. 어떤 사람들은 끔찍한 상처를 안고 돌아왔고, 또 다른 사람들은 외상 후 스트레스에 시달렸어요." 외상 후 스트레스란, 전쟁을 겪은 사람들이 머릿속이나

미미의 졸업 앨범에 있는 사진. 1969년 게티스버그 대학교 학생들이 미국의 베트남전 참전을 반대하는 시위를 벌이고 있다. 미미는 이 시위를 포함해 워싱턴 D.C.에서 벌어진 여러 다른 집회에 참가했다.

꿈속에서 전쟁이 반복적으로 재현되어 스트레스를 지속적으로 받는 상황을 말한다.

반전 운동이 거세지면서 미미는 자기 세대가 변화를 가져올 수 있다는 믿음에 고무되었다. "사람들이 많이 동참한다면 우리가 이 세상을 바꿀 수 있으리라고 믿었어요. 우리는 분노하고 두려워했어요. 그렇다고 무력감을 느끼지는 않았죠. 나라의 지도자들에게 우리의 주장을 관철시키기를 바랐어요."

오늘날 그 격동기를 회상하면서 미미는 다음과 같이 말했다. "우리는 환경 파괴 문제에 대해서도 걱정했어요. 첫 번째 지구의 날은 제가 대학을 졸업하기 직전인, 1970년 4월 22일이었죠."

미미는 잠깐 뜸을 들이다가 말했다. "오늘날의 젊은이들도 여전히 전쟁과 환경에 대해 생각해주기를 바라고 있어요. 나는 그들이 이런 이슈에 신경을 많이 써주면 좋겠어요. 그래서 1960년대와 1970년대를 돌이켜보는 게 중요해요. 그 시절은 젊은이들이 정말 커다란 이슈에 관해서 뭔가 할 수 있다는 것을 보여주었어요."

중요한 결정

이런 정치적 혼란을 겪는 와중에, 미미는 전공을 바꿀 때에도 약간의 혼란을 겪었다. 그녀는 미술을 좋아했지만 대학을 다니면서 생물학을 더 좋아한다는 사실을 알게 되었다.

"제가 미술을 좋아했던 것은 미술이 모양, 크기, 색상을 다루기 때문이었죠. 그런데 생물학에도 역시 그런 것들이 보이더라고요. 물론 구현되는 방식은 서로 달랐죠. 제가 자연에서 찾아낸 형태들은 화실에서 그린 스케치와 수채화에 영감을 불어넣었어요. 그런데 제가 즐겨 그렸던 자연의 형태, 즉 살아 있는 생물이 실제로 어떻게 움직이는지는 생물학에서 배우게 됐어요. 저는 생물이 크거나 작은 것, 둥글거나 평평한 것, 물렁하거나 단단한 것이 어떤 차이를 만드는지 알고 싶었어요. 이런 질문은 그림보다 훨씬

움직이는 형태에 매력을 느낀 미미는 '뛰는 사람들'을 1학년 미술 수업 때 그렸다.

더 흥미롭게 다가왔죠."

부모는 미미의 결정에 불만스러워했다. 오빠도 놀랐지만 이런 설명을 곁들였다. "미미는 수학과 과학을 늘 잘했지만 둘 중에 하나를 전공하겠다고 얘기한 적은 한 번도 없었어요."

"아무도, 심지어 교수님들도 제 말을 진지하게 받아들이지 않는다고 생각했어요. 좋은 성적을 받기야 했지만 미술 학위를 받으려고 노력하는 동안 과학 수업을 많이 놓쳤죠. 대학원 진학에 필요한 과목인 미적분학, 유기화학, 유전학, 물리학 수업을 전혀 듣지 못했거든요."

미미가 그린 작품 중에서 연기를 내뿜는 공장 그림과 소의 두개골을 우아하게 표현한 그림은 영 딴판이다. 두개골 같은 생물학적인 형태 덕분에 미미는 과학에 깊이 빠져들었다. 현재 미미는 과학 관련 삽화도 많이 그린다.

어려움이 많았지만 미미는 결심을 굳혔다. 과학은 너무도 자연스럽게 그녀에게 다가왔고, 미미는 과학을 어려워하는 친구들을 가르치기 시작했다. "알고 봤더니 제가 복잡한 문제를 분해해서 누구라도 이해할 수 있는 말로 설명하는 것을 좋아하더라고요." 라고 그녀는 미소를 지으며 말했다. "하지만 내가 대학 교수가 되고 싶다는 생각은 하지 않았어요. 대학 교수가 된다는 것은, 사실 나뿐만 아니라 그 시절 과학을 전공한 모든 여성에게 그저 허황된 상상에 불과했거든요."

사랑에 빠지다

그 당시 미미는 결혼에 대해 아무런 생각이 없었다. 그런데 1968년 6월, 대학 2학년이 끝날 무렵, 미미의 친구 한 명이 메릴랜드주 아나폴리스Annapolis에 있는 미국 해군사관학교 '6월 주간'에 미미가 참석하고 싶은지 물었다.

6월 주간에는 파티, 무도회, 각종 행사가 많았다. 미미의 기억에 따르면 이렇다. "제 친구는 사관학교 후보생과 함께 참석하기로 했어요. 그 사관후보생에게는 6월 주간에 데이트를 하고 싶어하는 친구가 몇 명 더 있었어요. 그래서 나는 '당연하지!'라고 말했죠."

한 파티에서, 미미는 해군사관후보생 마이클을 만났다. "그를 보자마자 알았어요. 특별한 사람이 되리라는 걸요."라고 미미는 회상했다. "마이클은 수련 과정의 해군사관생도가 입는 흰색 제복을 입었지만 베트남 전쟁에 의문을 제기하더군요. 그는 최고 수준의 과학 교육을 받으려고 해군사관학교에 다니고 있었어요."

1968년, 미미와 마이클이 데이트를 즐기고 있다.

"우리는 미친 듯이 사랑에 빠졌어요."라고 말하며 미미는 미소를 지었

대학 4학년 때 미미의 동창들은 그녀를 동창회 여왕으로 뽑았다. 그 영광을 기념하기 위해 공식 사진을 찍었다.

다. "그러나 마이클은 본인이 결국 어디서 근무를 할지, 전쟁에 참전할지, 살지 죽을지 잘 몰랐어요."

자신이 지지하지 않는 전쟁에서 과연 명령을 내릴 수 있을까 괴로워하던 마이클은 결국 해군사관학교를 중퇴했다. 마이클이 해군으로서 의무를 다하려면 항공모함에 탑승 선원으로 복무했어야 했다. 결국 마이클은 해군을 떠날 것을 허락받았다.

마이클이 미미에게 대학원에 다닐 계획이라고 말하자, 미미 역시 그가 지원하는 학교마다 입학 신청서를 냈다. "마이클은 대학원에 붙었어요. 그러나 나는 과학 관련 과목에서 이수 학점이 부족했기 때문에, 모든 학교에서 입학을 거절했어요. 노스캐롤라이나의 듀크 대학교에서만 약간의 관심을 보였죠. 듀크 대학교는 나를 대기자 명단에 올려놓았어요."

그렇지만 그들의 사랑 이야기는 여기서 끝나지 않았다. "친구들 중에는 대학을 졸업하자마자 결혼하는 애들이 많았어요. 마이클과 나 역시 6월에 결혼식을 잡아놨죠."

1970년 5월의 게티스버그 대학교 졸업식 때 쓸 모자와 가운을 빌리는 대신, 미미는 친구들과 함께 그 돈을 의회에 평화 운동 후

보 선출 기금으로 보냈다. 미미는 드레스를 입고 팔에 평화 밴드를 두른 채 졸업장을 받았다.

그런 다음 미미는 다른 폭탄을 떨어뜨렸다. 결혼식 3주 전에 미미는 결혼을 취소했다. "공부를 그만둘 수가 없었어요."라고 미미가 못 박았다. "그저 마이클만 따라다닐 수는 없었어요. 그래서 너무나도 사랑하는 내 첫사랑과 나는 다른 길을 가게 되었죠."

대기자 명단

마이클이 대학원 공부를 하는 동안 미미는 매사추세츠 해안의 우즈홀 해양연구소Woods Hole Oceanographic Institution에 갔다. 그곳은 세계에서 가장 큰 민간 해양연구센터였다. 우즈홀은 해양학 분야에 관심 있는 학생들에게 하계 펠로십을 제공했다. 미미는 펠로십을 받지 못했지만 실험실 기사로 일을 시작할 수 있었다.

미미의 임무는 어느 과학자의 연구를 도와주는 것이었는데, 그 과학자는 페인트 회사가 뉴저지의 물에 버린 산업 폐기물의 영향을 연구하고 있었다. 그녀는 오염된 물에서 해양 생물이 받아들일지도 모르는 위험물질을 측정하는 데 필요한 화학 테스트를 수행했다. 미미는 "나는 새로운 기술을 모두 배웠어요. 그래봐야 내 자신의 연구도 아니고 다른 사람의 연구를 하는 거였죠. 그런

미미가 졸업 후에 가게 된 매사추세츠의 해양연구소 우즈홀은 우수한 해양 실험으로 역사가 깊다. 1930년 이후 이 연구소는 미미 같은 학생들을 모집해 해양 생명체의 움직임을 연구하게 했다.

데서 오는 좌절감이 컸어요."라고 말했다.

여름이 끝나갈 무렵 미미는 듀크 대학교가 불합격 통지서를 보낸 적이 없다는 것을 기억해냈다. 그녀는 '어쩌면 여전히 대기자 명단에 있을지도 모른다'고 생각했다. 미미는 용기를 내어 대학원장에게 전화를 걸었다. 대화는 다음과 같이 진행되었다.

"안녕하세요. 미미 코엘입니다. 저는 선생님의 동물학 대학원 과정에 지원했고, 선생님께서는 저를 대기자 명단에 올려놓았습니다. 하지만 저는 회신을 받지 못했습니다."

잠시 서류를 찾아보며 뒤적인 후, 대학원장은 말했다. "여전히 대기자 명단에 있습니다. 그러나 나도 지금 막 알았어요. 누군가가 포기했군요. 그 자리로 입학하는 게 어떠세요?"

미미는 귀를 믿을 수 없었다. 듀크 대학교는 미국 내 최고의 동물학 프로그램을 갖고 있었다. 듀크 대학교 교수들은 미미가 관심을 갖고 있던 해양 생물을 포함해 동물 연구 분야에서 획기적인 업적을 쌓았다.

어쩌면?

미미는 지금도 그 대화를 생각할 때마다, 시시각각 눈이 커졌다. 머리를 흔들면서, 미미는 말했다. "제가 그때 전화를 하지 않았다고 생각해보세요. 제 인생은 어떻게 바뀌었을까요?"

미미의 친구 엘런 대니엘은 그 가능성에 대해 생각조차 하지 않았다. "미미 코엘을 알고 있는 사람들은 그녀가 과학 분야에 몸담지 않는 게 범죄와 같다고 생각하죠. 미미는 과학에서 많은 기쁨을 느껴요. 그녀는 이 행복을 모든 사람들과 공유하고 싶어 하죠."

1970년 가을, 미미는 새로운 수업 목록을 만들었다. 이것은 그녀를 해양으로 이끌었고 생체역학이라고 불리는 새로운 과학에 깊이 빠져 들게 했다.

"그렇게 쾅 소리와 함께

대학원 시절을 시작했어요."

과학을 전공하는 우수한 학생들이 노스캐롤라이나주 더럼에 있는 듀크 대학교 생물학과 건물로 들어가고 있다.

4장

멘토

1970년 가을 미미가 해양학을 공부하려고 듀크 대학교에 도착했을 때 그녀는 쾅 소리와 함께 대학원 시절을 시작했다. 그녀는 다른 사람들의 거실에서 며칠을 슬리핑백에서 자면서, 곧 자기처럼 거의 무일푼 대학원생들로 북적대는 집으로 이사했다. 미미가 쓸 침실이 없었기에 다른 학생들이 공간을 마련해줘야 했다. 학생들은 조그만 침실에 허술한 합판 가벽을 세워 방을 두 개로 만들었다. 대신 커튼 하나가 문 기능을 했다.

“제가 차지한 그 반쪽짜리 방은 너무 작아서 매트리스와 서랍장을 둘 다 놓을 수 없었어요. 우리는 밖에 나가서 학교 쓰레기장에서 길고 좁은 실험 벤치를 찾아냈죠. 그 벤치에는 옷을 넣을 만한 서랍도 있었고 또 침대 받침대로도 사용할 수 있을 것 같았

1970년대 미미는 듀크 대학교에서 생체역학 분야의 여러 선구자를 만났다. 그들은 바위가 많고 파도에 휩쓸리는 해안가의 생물체를 연구하도록 그녀에게 권유했다.

어요. 우리는 그것을 제 방으로 겨우 밀어넣었고 그 위에 판자와 매트리스를 올렸죠."

그다음 날 미미의 자명종이 울렸다. 그녀가 자명종을 끄려고 몸을 기울이자 겨우 지탱하고 있던 침대가 기울어졌다. 곧이어 무너지면서 매트리스가 벽 쪽으로 미미를 밀쳤고, 그녀는 매트리스와 가벽 가운데에 낀 샌드위치 신세가 되어버렸다.

다른 쪽 벽에 있던 대학원생이 비명 소리를 듣고 잠에서 깼다. 가벽이 곧 자기 머리 위로 떨어지기 직전이었다.

"모두들 무슨 일이 일어났는지 보려고 내 작은 방으로 달려왔어요. 그들은 매트리스와 합판 사이에 제 두 발이 버둥거리고 있는 것을 발견했죠. 저는 그렇게 쾅 소리와 함께 대학원 시절을 시작했어요."

남학생들 틈에서

대학원의 과학 프로그램에 참여하는 학생 대다수가 남학생이었기 때문에 미미는 남학생 한 명과 방을 함께 사용했다. 학생들 모두 순번을 정해 돌아가며 요리했지만, 처음에 미미는 그것을 거부했다. 요리는 '여자의 일'이기 때문이었다. 동시에 그녀는 요리를 어떻게 하는지 배운 적도 없었다. 미미가 함께 사는 친구들에게 태운 핫도그를 먹인 후, 그런 태도는 완전히 바뀌었다. "여성 과학자도 조리 방법을 아는 게 좋다는 것을 남자아이들이 가르쳐주었어요."라고 미미는 농담 삼아 말했다.

미미는 곧 몇 안 되는 여학생들을 포함해 동물학과 대학원생들이 주로 어디에서 시간을 보내는지 알게 되었다. "그들은 큼지막한 소파와 커피 메이커가 있는 고리타분한 세미나실을 이용하더라고요. 우리는 거기 가서 빙 둘러앉아 과학이나 각자 연구한 것을 가지고 이야기를 나누었어요."

미미는 안식처를 발견했다. 매일 아침 동물학과 대학원생들은 서로 도와가며 기술적인 문제를 해결했다. 그들은 세미나실 칠판 위에 방정식을 휘갈겨 쓰며 논쟁했고, 설명하려고 손을 내저었으며, 노트에 커피를 쏟기도 했고, 우스꽝스러운 과학적 농담을 하기도 했는데, 종종 이 모든 것이 동시다발적으로 일어났다. "커피를 마실 수 있는 세미나실에서 저는 대학원 수업 시간에 배웠던 만큼 많은 과학 지식을 배운 것 같아요."

보충 수업

미미가 동급생들과 친해지기까지는 시간이 걸렸다. 게티스버그에서 지녔던 자신감은 듀크 대학교의 입학 허가가 늦게 나오면서 흔들렸다. 미미는 이렇게 말했다. "제 자신이 꼴찌로 겨우 입학한 가장 형편없는 바보가 분명하다는 생각이 들었어요. 굉장히 겁이 나는 한편, 동시에 자극이 되기도 했죠."

학장은 미미에게 게티스버그에서 듣지 못했던 모든 과학 과목을 듀크에서 첫 학기 동안 다 들어야 한다고 말했다. 나중에 미미의 지도교수가 되는 듀크 대학교의 스티브 웨인라이트 교수는 이렇게 말했다. "이러한 상황에 처하면 누구라도 학교를 그만두겠지만, 미미는 달려들어 그 일을 해냈습니다."

수업을 듣는 것뿐 아니라 미미는 생물학 입문 수업에서 조교로 일하며 생활비도 벌었다.

어느 날 미미는 그녀의 인생을 바꾸게 한 수업을 듣게 되었다. 강의실 앞에서는 생체역학 분야의 선구자 스티브 보걸Steve Vogel이 자연계에서 매우 크다는 것과 매우 작다는 것이 가져오는 물리적이고 기계적인 결과에 대해 이야기하고 있었다.

게티스버그에서 이와 똑같은 문제로 고민했던 미미는 수업이 끝나기를 초조하게 기다렸다. 수업이 끝나자 그녀는 보걸에게 다가가 "교수님이 하신 이야기는 제가 여태껏 들었던 것과는 다른, 전혀 다른 내용이에요. 어딜 가면 그런 것을 좀 더 배울 수 있을까요?"라고 물었다.

"내 동료 스티브 웨인라이트가 이 분야의 전문가지. 그런데 그가 안식년으로 멀리 떠나 있으니 돌아올 때까지 기다려야겠구먼."

미미는 1971년 가을에 웨인라이트가 캠퍼스로 돌아오면 찾아가보기로 마음먹었다. 그 사이 그녀는 기초 과학을 다시 열심히 공부했다.

1972년 듀크 대학교 동물학과 야유회 때, 미미가 농담 삼아 '히피-디피'라고 부르는 옷을 입고 있다. 미미는 돈을 조금이라도 더 아끼려고 한때 유행했던 이 바지를 포함해 많은 옷을 만들었다.

여성 출입 금지

미미는 여전히 해양학자가 되려고 생각했다. 미미는 이렇게 설명했다. "해양학자는 물리학과 생물학을 결합시켜요. 해양학자는 바다가 어떻게 움직이는지 보려고 물리학을 이용하고, 움직이는 물속에서 살고 있는 생명체에게 무슨 일이 일어나는지 연구하려고 생물학을 이용하죠. 해양학은 유체와 자연적인 형태를 함께 접목해요. 예술가의 심미안으로 보자면, 움직임과 형태가 아름다운 것이라고 생각해요."

해양학을 좀 더 연구하기 위하여 미미는 우드홀 하계 펠로십을 두 번째로 신청했다. 이번에는 그녀가 뽑혔다. 그녀는 "나는 이제 실험실 기사가 아니고 누군가의 실험실로 가서 내 연구 프로젝트를 실제로 할 수 있게 되었어요."라고 강조했다.

그 밖의 장학금 수혜자들은 모두 남자였다. 남학생들은 우드홀에 있는 기숙사에 살았지만 미미는 시내에 방을 한 칸 얻었다. 그녀는 "나만 외톨이가 된 것 같은 기분이었죠."라고 기억했다. "그들은 밤에 과학 이야기를 하면서 즐거움을 함께 나누었을 거예요."

하지만 미미는 그것보다 더 큰 문제에 직면했다. 그 당시만 해도 우드홀에는 바다로 향하는 배에 여성을 태워선 안 된다는 규칙이 있었다. 그래서 그녀는 해양학 실험을 설계하고 사용할 장비를 모아 배에 실을 수는 있었지만 직접 바다로 갈 수는 없었다. 미미는 남자들에게 해양학 실험을 자기 대신 해달라고 설득해야 했다.

"나는 부두에 서서 다른 사람들이 즐겁게 일하는 것을 멀거니 지켜보기만 하는 걸 원치 않았어요. 나는 현장 연구를 직접 하기를 원했죠." 해양학이 아니라면 무엇을 해야 하는지 그게 가장 큰 문제였다.

훌륭한 멘토

미미는 대답을 구하려고, 1971년 가을에 듀크 대학교로 돌아온 스티브 웨인라이트를 찾았다. 그녀는 스티브의 방이 다른 교수들처럼 책으로 빽빽할 줄 알았다. 예상은 빗나갔다. "그림과 커다란 연두색 소파와 벽에 거는 장식품이 눈에 띄었어요. 방 곳곳에 멋진 예술 작품이 있었죠."

미미는 스티브를 동료 예술가로 여겼다. 그녀가 옳았다. 예술품 수집뿐 아니라 스티브는 직접 조각을 하기도 했다. 스티브는 미미의 기록을 살펴보았기에 예술과 관련된 미미의 성장 배경을 잘 알고 있었다. 미미의 이렇게 설명했다. "우리는 둘 다 시각적인 사람이에요. 다시 말해, 우리는 세상을 형태와 크기와 움직임으로 바라보는 사람이죠. 우리는 상대방의 그런 점을 즉시 알아챘어요."

처음에 미미는 보지 못했지만 연두색 소파 옆에 휴지통이 놓여 있었다. 남녀를 떠나서 대학원생들이 스티브를 굉장히 신임했기 때문에 자주 찾아와 고민거리를 털어놓았다. 학생들이 눈물을 흘리면 스티브는 조언과 함께 휴지를 건넸다.

곧 스티브가 지도하는 제자가 될 미미도 예외가 아니었다. 그녀가 고민을 토로했을 때, 스티브는 이 재능이 뛰어난 과학자가 자존감이 낮다는 것을 발견했다. 스티브는 당시 상황을 이렇게 표현했다. "자네의 자존감은 해저에 깔린 고래 똥보다도 더 낮은 상태야." 미미는 이 말을 듣고 웃으며 말했다. "어쩜, 그렇게 콕 짚어내세요."

스티브는 미미의 박사 과정 지도교수가 되기로 약속했지만 대

1970년대 중반에 찍은 이 사진에서, 스티브는 그의 부인이자 과학자인 루스 팔머 뒤에 서 있다. 루스는 가끔 불려나와 배고픈 대학원생들을 배불리 먹이곤 했는데, 미미는 그녀를 "재미있고 활기차며 좋은 친구이자 세상에서 가장 훌륭한 요리사"라고 소개했다.

신 조건 하나를 걸었다. 본인의 제자가 되려면 자신의 개별 지도를 받아야 한다는 것이다. 스티브는 이렇게 말했다. "그 과정은 자네가 해본 것 중에서 가장 고된 일이 될 거야. 한 학기에 논문 다섯 편을 써내야 하고, 각각의 논문은 한 자 한 자 모두 검사받아야 하네." 미미는 규칙을 알고 있었고 그것을 받아들였다.

"나는 스티브가 지도교수를 맡아 주기를 정말로 원했어요."라고 미미는 말했다. "그는 연구할 질문을 어떻게 구성하는지, 그 질문이 대답할 가치가 있는지를 어떻게 알아내는지, 그 질문에 답을 얻으려면 실험 설계를 어떻게 해야 하는지, 그리고 그 대답을 어떻게 평가하는지를 가르치는 분이에요. 그런 지도교수는 훌륭한 멘토가 될 수 있죠."

수정 구슬과 물컹거리는 것들

스티브는 스스로 '미래를 보여주는 수정 구슬 기법'이라고 부르는 것으로 대학원생들의 기를 죽였다. 수정 구슬로 뭘 어떻게 했다는 건지 미미의 설명을 들어보자. "내가 어떤 연구 질문을 가지고 흥분해서 그의 사무실로 뛰어 들어가면 스티브는 '만약 지금 내 손에 수정 구슬이 있고, 그것이 자네가 한 질문에 답을 보여준다면 어떻게 될까? 자네는 무엇을 깨달을 수 있을까?'라고 말하곤 했어요. 그는 수정 구슬 이야기를 결코 멈추지 않았죠. 교수님 말은 결국 큰 그림을 보라는 얘기였어요. 어느 누구도 그 전에 생각해본 적이 없는 과학적인 원리를 개발하라고 말이죠."

스티브는 무척추 해양 동물학의 권위자였다. 그래서 미미는 개별 지도를 받으면서 그녀가 '물컹거리는 것들'이라고 부르는 것에 정말로 흥미를 갖게 되었다. 미미는 뼈가 없는 동물이 사실은 유체정역학적hydrostatic 골격이라고 부르는 뼈를 가지고 있다는 사실을 알고는 깜짝 놀랐던 것을 기억했다. "나는 몸에 뼈가 없는 유기체가 어떻게 움직일 수 있는지 한 번도 생각해본 적이 없었어요. 한번 생각해보세요. 땅속에 사는 벌레는 몸을 길고 얇게 만들거나 뚱뚱한 덩어리처럼 자기 몸을 수축할 수도 있어요. 심지어 땅을 뚫고 들어가기도 하잖아요! 저는 이런 행동을 가능하게 하는 물리적 원리를 간절히 알아내고 싶었어요. 왜냐고요? 물컹거리는 것들이 자기 주변에 힘을 가하는 능력은 여태껏 본 것 중에 가장 호기심을 불러일으키는 특성 중 하나였기 때문이죠. 내 말은, 부드러운 덩어리가 어떻게 딱딱한 땅을 파고 들어갈 수 있느냐, 그거예요. 유체정역학적 골격이란 게 기본적으로는 근육으로 둘러싸인 물풍선과 같다는 것을 알았을 때 나는 그것이 어떻게 작동하는지 개별 지도 논문을 쓰기로 마음먹었어요."

생체역학 분야에서의 최첨단을 달리는 스티브의 연구 덕분인지 미미는 엔지니어처럼 생각하기 시작했다. 그녀는 구조와 관련된 질문들을 제기했다. 물컹거리는 골격은 어떻게 만들어지는가? 어째서 어떤 물컹거리는 골격은 단단하고 강한 반면, 다른 것들은 부드럽고 신축성이 있는 걸까? 물컹거리는 골격은 그 생명체가 환경에 적응하며 살아가는 데 어떤 기능을 할까?

미미는 유체정역학적 골격에 관한 질문에 답을 찾는 데 가장 도움이 될 생물로 무엇이 적당할지 생각에 생각을 거듭했다.

워싱턴 대학교에서 해양생태학을 전공하는 밥 페인 교수가 듀크 대학교를 방문했을 때 미미는 마침내 찾아 헤매던 것의 실마리를 잡았다. 밥은 파도가 강타하는 태평양 북서 해안에 서식하는 동물과 조류의 생태 연구를 주제로 강연을 했다.

밥이 크고 아름답고 밝은 녹색 말미잘 슬라이드를 보여주자 미미는 활기를 띠었다. "저는 조용한 곳에 사는 여리고 복슬복슬한 말미잘은 알고 있었죠. 하지만 그렇게 커다랗고 꽃같이 생긴 생물이 험한 파도 속에서도 산다는 것은 몰랐어요. 그저 물풍선에 불과한데도 아름답고 억세 보였죠. 그거야말로 제가 연구할 대상이었어요."

몸에 뼈 하나 없는, 거대한 녹색 말미잘은 동물이 아니라 꽃처럼 생겼다.

강의가 끝나자 미미는 스티브의 사무실로 달려갔다. 스티브는 그 당시 상황을 이렇게 회고했다. "미미가 접시만 하게 눈을 동그랗게 뜨고 나를 바라보면서 이렇게 말하더군요. '저는 박사 과정 때 뭘 연구할지 정했어요. 바다로 가서 말미잘을 공부할래요. 유체정역학적 골격이 어떻게 작용하는지 규명하기 위해 말미잘을 이용할 겁니다.'"

스티브는 수정 구슬 없이도 미미가 과학에서 자기의 위치를 찾아냈다는 것을 알았다. 지금까지 말미잘이 어떻게 움직이는지 알아내려고 잠수복을 입고 말미잘과 대면한 사람은 아무도 없었다.

말미잘은 파도에 밀려

자기에게 굴러 떨어진 홍합과 성게를 잡으려고

야구 글러브처럼 움직인다.

거대한 녹색 말미잘은 굳이 사냥을 하지 않는다. 파도에 쓸려 떨어진 홍합이나 성게 같은 먹이를 잡아먹는다.

5장

파도와 말미잘

미미는 박사 과정 연구를 하면서 온갖 거친 환경에 맞닥뜨렸다. 인간에게 그곳은, 조심하지 않으면 아주 크게 다칠 수도 있는 곳이었다. 자기 키보다 더 높은 파도와 맞서는 것을 상상해보라. 그리고 초당 최대 13.7미터에 달하는 속도로 움직이는 파도에 맞서 자리를 지키는 모습을 상상해보라. 그렇게 파도가 철썩이며 왔다 갔다 하는 가운데 그대로 서 있는 것은 과연 어떠할까? 그곳은 사람들이 굳건히 발을 딛고 서 있을 만한 편안한 장소는 아니다.

그럼에도 놀랄 만큼 많은 동식물이 이처럼 파도가 휘몰아치는 바위투성이의 해안을 따라 서식하고 있다. 물컹거리는 말미잘을 포함해 그들 대다수는 뜯겨져 나가는 일 없이 해안 가까운 곳의

미미는 워싱턴주 타투시섬에서 말미잘을 연구했다.

해저에 들러붙어 살고 있다. 미미는 궁금했다.

'어떻게 저럴 수 있지?'

이 질문에 대답하려고 미미는 공학 지식을 활용했다. 엔지니어가 비행기나 교량을 분석하는 것처럼 그녀는 커다란 녹색 말미잘을 관찰하기 시작했다. 그녀는 이들 살아 있는 기계가 어떻게 설계되었기에 그 곁을 지나며 포효하는 파도를 견뎌내고, 심지어 이용까지 하는지 알고 싶었다.

미미는 이런 동물을 연구하는 데 적합한 이상적인 장소를 알고 있었다. 그곳은 워싱턴주 올림픽 반도 북서쪽 끝에 있는 타투시Tatoosh섬이었다. 그곳은 바로 워싱턴 대학교의 생태학자 밥 페인이 1960년대부터 계속 연구를 해온 장소였다. 밥은 그 섬의 풍부한 조수 간만

북아메리카 원주민 마카족은 약 80만 제곱미터에 달하는 타투시섬을 관리하지만 그곳에 살지는 않는다. 그들의 보호구역은 올림픽 반도에 있는 니아Neah만의 마을이다. 삽입된 사진은 마카족 연례 행사 중 하나인 마카 경축일 동안 부족 전통 의상을 입은 소녀들을 보여주고 있다.

시스템을 "생명 활동의 천국"이라고 불렀다.

미미는 밥의 야외 '실험실'을 방문하고 싶었다. 밥은 그 섬을 관리하는 북아메리카 원주민 마카Makah족의 허락을 받아 야외 실험실을 사용하고 있었다. 그래서 1972년 봄 미미는 밥에게 편지를 썼다.

"편지에, 밥의 대학원 제자들이 하계 현장 학습을 갈 때 저도 따라가도 되냐고 물었죠."라고 미미는 회상했다. "그들이 생태 문제를 연구하는 동안 저는 말미잘에 관한 주제를 가지고 연구할 수 있었어요."

밥은 "물론입니다. 같이 갑시다."라고 답장을 주었다.

흔들리는 바구니 타기

미미는 밥 페인을 "그의 인생만큼이나 대단한 키"라고 표현했다. 키가 2미터가 넘는 밥은 대부분의 사람들 사이에 우뚝 솟아 있다. 그는 생태학과 해양동물학 분야의 거장이다. 미미는 순순히 인정하며 이렇게 이야기했다. "만약 밥이 얼마나 유명한 사람인지 미리 알았더라면 저는 그에게 편지를 쓸 엄두도 못 냈을 거예요."

미미는 스티브 웨인라이트가 밥에게 그녀를 극찬하는 추천서

밥 페인이 타투시의 빠르게 흐르는 물에서 건져 올린 불가사리를 손에 들고 있다. 타투시는 그가 미미에게 공개한 야외 '실험실'이다. 밥은 '핵심 종' 원리를 확립했다. 핵심 종이란 생태계가 균형을 유지하는 데 결정적인 역할을 하는 생물을 말한다. 불가사리는 타투시의 핵심 종 생물이다.

를 써준 사실을 알지 못했다. 그러나 스티브는 미미가 모종의 위험에 처해 있다는 것을 알게 되었다. 그는 다음과 같이 이야기했다. "저는, 파도가 휘몰아치고 조수 간만의 차가 가장 큰 구역으로 그녀가 향하고 있는 것을 알았어요. 그곳의 물살은 매우 강하고, 멀리 떨어진 곳의 폭풍이 만든 정말 어마어마한 파도가 갑자기 몰려오는 곳이었어요. 이 일은 위험 부담이 커요."

밥 페인은 웃으며 다음과 같이 덧붙였다. "지금도 마찬가지이지만 그 당시에는 타투시에 가는 것만으로도 모험이었습니다."

과학자들은 니아만에서 해안경비대의 소형 쾌속선에 올라탔다. 거친 바다를 뚫으며 흔들린 끝에 그들은 절벽이 12미터 높이로 솟아오른 타투시섬에 도착했다.

"예전에는 사람들이 섬의 등대로 달려갔어요. 뭐 지금이야 자동화된 무인 등대이지만……. 당시 등대 직원들은 절벽 꼭대기에서 크레인을 이용해 커다란 바구니를 배로 내려보냈죠. 우리가 그 바구니에 기어오르면 직원들이 끌어올렸어요."라고 미미가 설명했다.

밥은 씩 웃으며 말했다. "흔들리는 바구니는 놀이공원에서 기구를 타는 것 같기도 했지만 더 무서웠어요. 진짜로 몰아치는 파도 때문에 더 그랬던 같아요."

뭔가 이상해

한번은 바위를 후려치는 거친 파도를 듣고 볼 수 있는 절벽 위에 안전하게 미미가 서 있었다. 하지만 그녀는 거대한 녹색 말미잘을 가로질러 움직이는 물살이 얼마나 빠른지 재기 위해서 큰 파도가 몰아치는 해안가로 내려가야 했다. 안전하기 위해서는, 썰물 때여야 하고 바람이 없어야 한다는 두 가지 조건이 필요했다.

미미는 절벽을 감싼 길을 내려가다 발을 헛디뎌 끈적이는 조류와 날카로운 따개비로 뒤덮인 바위를 따라 미끄러졌다. 짐으로 나르고 있는 발판이나 볼트, 전기 장치와 케이블들이 이동을 더욱 어렵게 했다.

미미는 다음과 같이 이야기했다. "그곳 동물들이 느끼는 물살의 속도와 물리적인 힘을 측정하려면 전자 장비를 연결해야 했어요. 썰물 때가 되어 말미잘 쪽으로 가는 게 안전해지면 저는 볼트로 조여서 장비를 바위에 고정시키고, 방수 처리를 하고, 또 안전지대와 연결되어 있는 케이블을 고정시키려고 몇 시간이나 뛰어다녔죠."

썰물 때는 타투시의 절벽 아래에 있는 해안선이 드러난다. 이럴 때 미미는 장비가 가득 든 배낭을 메고 조류로 뒤덮인 바위를 지나갈 수 있다. 미미는 볼트로 장비를 바위에 고정할 수 있도록, 조류를 벗겨낼 때 왼쪽 정강이에 가죽 끈으로 묶인 칼을 사용했다.

그 당시는 아직 노트북 컴퓨터가 개발되기 전이었기 때문에 미미는 높은 음조나 낮은 음조의 전자음으로 데이터를 보내는 장비에 의존했다. 미미는 카세트 라디오에 꽥꽥거리는 이상한 소리를 녹음해서는 실험실로 돌아와 그 소리들을 분석했다.

그렇게 힘들게 연구했어도 해양 실험은 실패할 수 있었다. 파도가 케이블을 뽑아내기도 했고 바닷소금 때문에 배터리가 방전되기도 했다. 방수 처리된 장비가 산산조각이 난 적도 있었다. 그래서 초반에 녹음한 것을 조사할 때 미미는 뭔가 잘못되었다고 생각했다. "파도는 정말로 컸어요. 그런데 말미잘 근처에 장비를 내려놓으면 미약한 신호만 들렸어요. 저는 '아, 안 돼! 뭔가 잘못됐어.'라고 생각했죠."

장비는 잘 작동되었다. 미미가 뭔가 잘못됐다고 생각한 것은 자신의 관점으로만 말미잘의 주변 환경을 바라보았기 때문이었다. 미미는 휘몰아치는 파도를 보았다. 그러나 그것은 말미잘이 바라보는 것과는 달랐다. 파도에 노출되어 있는 서식지에서 말미잘은 약 2.5센티미터 높이의 팬케이크처럼 스스로를 납작하게 만든다. 이런 모습 덕분에 말미잘은 위쪽에서 몰아치는 물이 아니라 경계층, 즉 해저 가까이에서 서서히 움직이는 물 층에 몸을 숨길 수 있었다. 파도가 몰아치는 서식지의 말미잘은 또 다른 생존 전략도 이용한다.

말미잘은 이웃 친구들 뒤에 쪼그려 앉아서 좀 더 잘 피신할 수 있었다. "친구들보다 키가 크면 안 좋아요. 거센 물살에 두들겨 맞기 십상이죠."라며 미미는 웃었다.

우뚝 서기

최고의 과학자들이 그렇듯이, 미미 코엘도 자신의 오류를 인정하는 데 주저하지 않는다. 만약 데이터가 자신의 가설이 잘못됐다는 걸 입증하면 그것을 버리고 검증 가능한 새로운 가설을 생각해낸다.

커다란 녹색 말미잘 연구에서도 마찬가지였다. 미미는 그 동물이 파도에 맞서 싸우는 것이 아니라는 사실을 발견했다. 말미잘은 몸을 굽혀 파도를 피한다. 그래서 그녀는 파도가 몰아치는 해안가에 서식하는 거대한 녹색 말미잘의 구조와 훨씬 더 조용한 곳에 서식하는 그들 친척의 구조가 어떻게 다른지 궁금했다.

사람의 눈에는 잔잔한 물살이 흐르는 만이 파도가 거칠게 밀려드는 해협보다 더 안전해 보인다. 그러나 미미는 놀라운 점을 알게 되었다. 보호 구역에 사는 흰색 말미잘의 경우, 키가 커서 촉수로 이루어진 머리 부분이 만의 바닥에서 30센티미터 이상 높이 솟아 있는 게 아닌가! 따라서 실제로는 조용한 물결에 살고 있는 이들 말미잘이 천천히 흐르는 경계층에 자리 잡은 녹색 말미잘보다 더 빠른 물살에 맞닥뜨리고 있었다.

보호 구역의 바다 물살은 조수가 들어올 때는 한 방향으로 흐르고 빠져나갈 때는 그 반대 방향으로 흐른다.

안으로 쑥 들어간 바위나 물이 밀려드는 해협 쪽으로 파도가 포효하며 몰려들고 있다. 미미는 1974년에 말미잘을 후려치는 파도를 측정하기 위해 이곳에 장비를 설치했다.

조수가 키 큰 말미잘을 지나서 흐를 때, 잔잔한 조류는 말미잘의 길쭉한 몸통을 서서히 구부리게 해서 촉수로 이루어지는 머리 부분이 물결의 흐름과 수직이 되도록 만든다. 이렇게 되면 물결이 움직이며 촉수 사이를 빠져나갈 때 플랑크톤을 잡을 수 있다.

거친 바다에 사는 납작한 사촌과 달리 메트리디엄 세나일*Metridium senile* 이라는 학명으로 불리는, 조용한 바다에 사는 말미잘은 조류의 흐름에 따라 구부러지는 조직을 갖고 있다.

그렇지만 그 흐르는 물결은 옆으로 누워 있는 상태의 말미잘에게는 훨씬 더 큰 힘을 미친다. 그에 대응하기 위해 말미잘은 안전한 메커니즘을 가지고 있다. 조류가 너무 빨라질 때면 말미잘의 촉수 머리 부분이, 마치 우산이 강한 바람에 뒤집혀지는 것처럼 뒤집힌다. 이렇게 뒤집힌 유선형의 촉수 꾸러미에는 물결의 '항력(물체의 운동 방향과 반대 방향으로 작용하는 힘)'이 훨씬 적게 미친다.

바다 생물의 작고 얇은 조각

이런 모든 구부러짐과 신축성 때문에 미미는 몸의 조직에 대하

항력 엄청나군!

항력은 낙하산을 메고 뛰어내리는 사람들이 공기 중으로 떨어질 때 천천히 떨어지게 해준다. 항력은 또한 잠수부들이 물속으로 뛰어들 때 그들을 천천히 내려가게 해주고, 착지하기 위하여 날짐승들이 날개를 펼치면 그들을 천천히 내려가게 해준다. 항력은 공기나 물과 같은 유체가 '움직이는 물체'에 미치는 저항이다. 펼쳐진 날개와 같이, 접촉면이 클수록 저항은 더 커진다.

당신이, 천천히 흐르는 물속의 키 큰 말미잘처럼, 당신 곁을 지나 움직이는 유체 속에서 한자리에 발을 딛고 서 있다고 가정해보자. 당신은 항력을 느낄 것인가? 답을 알아내기 위해 이렇게 해보자 : 바람이 거센 날에 뻣뻣한 합판 한 조각을 바람 방향과 수직이 되도록 들어보자. 항력은 바람의 방향으로 당신의 판자를 미는 공기의 힘이다. 바다에서 항력은 한 곳에 서 있는 말미잘을 미는 물살의 힘이다.

이번에는 합판을 바람의 방향과 평행하도록 들어보자. 당신은 항력이 훨씬 적다는 것을 발견할 것이다. 합판을 작게 접어서 바람에 맞서 들어보자. 그러면 항력이 얼마나 강할까?

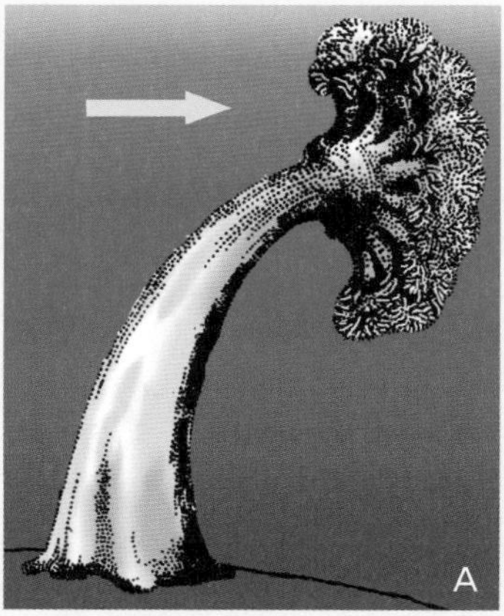

키 큰 말미잘의 형태를 보여주는 그림을 보자. 그림 A에서, 말미잘의 먹이를 잡는 촉수 머리 부분은 흐름의 방향과 수직이라서 머리에 가해지는 항력은 크다. 그러나 그림 B처럼 유속이 빨라지면 그 유연한 동물은 휩쓸려 더 작은 형태가 된다. 그러면 이 형태의 변화는 항력에 어떤 영향을 미칠까?

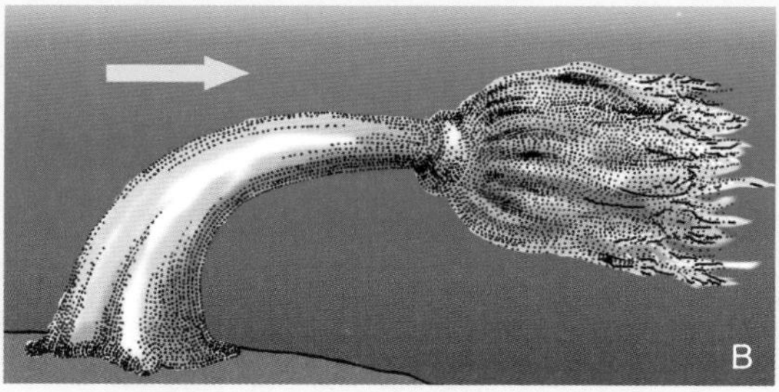

여 생각하게 되었다. "바다 말미잘은 기본적으로 물풍선 같은 존재예요. 간충겔(중교)mesogloea이라는 특수 물질로 만들어진 바깥쪽 주머니가 물로 가득 찬 장기를 둘러싸고 있죠. 저는 물의 흐름 속에서 늘어나고 구부러지는 흰색 말미잘의 간충겔이 파도에 의해서 늘어나지 않는 거대한 녹색 말미잘의 간충겔과 어떻게 다른지 알고 싶었어요."

그 질문은 미미의 마음을 사로잡았다. 그녀는 말미잘을 마취시켜 조심스럽게 조직의 일부를 잘라냈다. (이 동물은 재빠르게 회복하고는 몇 년을 더 살았다.) 그녀는 그 조직을 냉장 박스에 넣어서 캠퍼스를 가로질러 공학과로 가지고 갔다. 그곳에서 인스트론Instron이라고 하는 거대한 기계를 사용해 간충겔을 잡아당길 수 있었다. 인스트론은 물질을 얼마나 강하게 잡아당겨야 늘어나거나 파괴되는지를 잴 수 있는 기계였다.

"엔지니어들은 실험실에서 누군가가 바다 생물의 작고 얇은 조각을 시험하리라고는 예상하지 않았어요. 게다가 그들은 그 큰 기계 안에서 아무것도 볼 수가 없잖아요? 내가 눈을 들었을 때 모든 눈들이 나를 뚫어지게 쳐다보고 있더라고요."라고 미미는 이야기했다.

미미의 실험은 말미잘의 조직이 아이들의 장난감 실리퍼티Silly Putty와 같이 움직인다는 것을 보여주었다. 미미는 이렇게 설명했다. "간충겔과 실리퍼티는 둘 다 아주 빠르게 잡아당기면 늘어나지 않아요. 그렇지만 이 두 가지 물질은 조류의 흐름이 그렇듯이, 긴 시간 동안 부드럽게 잡아당기면 쉽게 늘어나요."

흰색 말미잘의 간충겔은 초록색 말미잘의 간충겔보다 훨씬 많이 늘어났다. 그 밖의 다른 복잡한 실험을 통해서 미미는 두 간충겔이 서로 다른 분자 구조를 갖고 있다는 사실을 알게 되었다. 미미는 말미잘을 이용해서 몇몇 조직이 다른 조직보다 늘어나지 않는 요인이 무엇인지 알게 되었다.

"이 발견으로 진짜 흥분했었죠. 나는 생물들이 어떻게 작용하는지 알고 싶었거든요. 그런데 말미잘 조직의 기계적 움직임이 어떻게 바닷속 먹이를 잡아먹을 수 있는지 발견한 거예요. 조용한 바다에 사는 말미잘은 촉수 망을 지나는 플랑크톤을 걸러내게끔 조류에 의해 몸통이 구부러져요. 그 휘어진 몸통은 원상태로 빠르게 돌아오지는 않죠. 좀 더 단단한 몸통을 가지고 있는, 파도에 흔들리는 말미잘은 상층 해류에서 먹잇감을 찾지 않아요. 그 놈은 파도에 밀려 자기에게 굴러 떨어진 홍합과 성게를 잡으려고 야구 글러브처럼 움직이죠."

말미잘 모델

미미는 "만약에?"라는 질문을 자주 했다. 그녀는 두 가지 말미잘의 신체적 특성에 대하여 더 많은 것을 알기 위해 그 질문을 사용했다. 만약 거대한 녹색 말미잘이 피부에 나는 사마귀 같은 돌기로 덮여 있지 않았다면 어땠을까? 만약 흰색 말미잘이 이런 돌기를 가지고 있었다면 어땠을까? 만약 두 동물이 모두 점액으로 뒤덮여 있지 않았다면 어땠을까? 만약 둘 다 촉수를 가지고 있지 않았다면 어땠을까?

미미는 몸의 어떠한 특징이 '항력'에 중요한 영향을 끼치는지 알고 싶었다. 그렇다고 그녀가 관심을 가지는 모든 개별 변인을 조사하기 위해 진짜 말미잘을 이용할 수는 없었다. 그래서 그녀는 말미잘 모델을 만들었다. 이 기술은 과학자로서 위상을 다지는 미미의 트레이드마크가 되었다.

미미는 박사학위 과정을 밟고 있는 듀크 대학교 근처에서 도자기 굽는 수업을 듣기 시작했다. 이곳에서 그녀는 여러 다른 크기와 형태의 찰흙 모델을 만들었다. "불가마 속으로 들어가기 전에 다른 학생들이 만든 컵이나 그릇 옆에서 줄지어 있는 내 말미잘들을 보니 기분이 묘하더라고요."라고 미미가 웃으며 말했다.

그 도자기 모델은 아이들에게 인기 많은 장난감 미스터 포테이토 헤드처럼 작동했다. 미미는 사마귀, 촉수, 점액 등 모든 종류의 변인을 도자기 모델 위에 붙이거나 제거할 수 있었다.

예를 들어 사마귀 같은 어떤 특정 변인을 조사하려고 미미는 사마귀를 단 모델과 달지 않은 모델을 물속에 집어넣고 '항력'을 측

위의 말미잘 모델들은 미미가 초기에 만든 것들이다. 우선 찰흙으로 몸통을 만들고, 그다음에 사마귀나 촉수 그리고 다른 특징들을 더하거나 뺐다. 위에서 조용한 바다에 사는 말미잘 모델은 어느 것일까? 거대한 녹색 말미잘 모델은?

정해야 했다. 그래서 그녀는 자체적으로 '바다' 환경을 구축했다.

미미는 듀크 대학교의 스티브 보걸 교수에게 물탱크flow tank를 이용할 수 있는지 문의했다. 물탱크는 물이 관통해 흐르는 매우 긴 수족관을 말한다. 물탱크에 있는 제어 장치를 사용하면 여러 종류의 말미잘이 경험하는 유속과 비슷하게 물의 흐름을 조절할 수 있었다. 그러고 나서 미미는 한 번에 한 가지씩 변인들을 조사했다. 사마귀와 점액은 말미잘이 물과 상호작용하는 데 그다지 많은 차이를 주지 않았다. 미미가 현장에서 발견한 것처럼 말미잘의 크기와 형태 그리고 해류의 방향이 중요했다.

물살에 휩쓸리다

그게 이야기의 끝인가? 전혀 그렇지 않다. 1970년대 초반에 미미는 여전히 박사학위 과정 중이었고, 새로운 생명체들이 그녀의 관심을 사로잡았다.

"태평양 북서쪽 연안 해역에서 말미잘 현장 연구를 하던 때였어요. 나는 아름다운 해초류를 발견했죠. 해초류는 거대한 녹색 말미잘처럼 숨지 않았어요. 바다가 그 해초류를 두드려댔지만 부서지지도 않았죠. 나는 이 큰 잎사귀 모양을 한 구조에 홀딱 빠져들었어요. 그 해초류가 어떻게 작동하는지 알아내야 했어요."라고 미미가 말했다.

박사 과정을 밟다가 이렇게 옆길로 새는 것은 큰 문제가 아니다. 하지만, 미미의 연구는 그녀를 거의 휩쓸어버릴 뻔했다.

그러고는 쉬익 소리와 함께

죽음의 파도가 미미를 휩쓸어갔다.

태평양의 파도가 칠레 해안을 강타하고 있다.

6장

코엘 박사의 등장

쾅! 미미는 거대한 파도가 오는 것을 전혀 보지 못했다. 1976년 여름, 그녀는 칠레의 비나델마르Viña del mar의 암초 해안을 가로질러 바닷물이 드나드는 수로 주변에서 연구를 하고 있었다. 그녀는 절벽 위의 높고 마른 땅에 쪼그리고 앉아서 물속으로 긴 장대를 찔러 넣었다. 수로 가장자리에 들러붙은 해초류를 지나 빠르게 흐르는 물의 속도를 재기 위해 장대 끝에는 재미있게 생긴 장비를 줄로 묶어두었다. 먼바다에서 폭풍이 자잘한 파도들을 한꺼번에 밀어붙이는 바람에 성난 파도가 갑자기 절벽을 후려쳤다. 그 파도는 미미

1976년에 미미는 칠레 해안에서 해초류를 연구했는데, 호기심의 대가로 목숨을 잃을 뻔했다. 거대한 파도가 난쟁이처럼 보이는 해양 과학자 밥 페인과 대학원생 리치 팔머를 덮치고 있다.

칠레 해안을 따라 서식하는 특정 해초류는 파도를 견디며 왕성히 자란다. 1976년 여름에 미미는 해초류를 때리는 파도의 속도를 재려고 절벽 꼭대기에 앉아 있었다.

를 들어 올려서 짠 바닷물 아래로 그녀를 빨아들였다.

쉬익 소리와 함께 죽음의 파도가 미미를 휩쓸어갔다. 다행히 그 파도는 다른 성난 파도처럼 그녀를 더 깊은 바다로 끌고 가거나 바위 위에 내동댕이치지는 않았다. 그 대신 그 파도는 그녀를 해안가로 다시 떠밀어 보냈다.

미미의 기억은 다음과 같았다. "정신을 차리고 보니 홀딱 젖어서, 바위에 붙은 따개비 껍데기에 베이고 긁혀 상처투성이가 된 채 다른 절벽 위에 떠밀려 있더라고요. 장비는 어디로 갔는지도 모르겠고요."

멀리서 밥 페인을 비롯해 여러 사람이 팔을 내저으며 달려오는 것이 보였다. 미미는 밥 페인의 대학원생들과 함께 남아메리카의

태평양 해안을 따라 해양 생물을 연구하기 위해 여행 중이었다.

근처에 있는 해양연구소에서 밥과 그의 제자들, 몇몇 칠레 과학자는 자칫하면 큰 재앙이 될 뻔한 사건을 목격했다.

밥은 그때 상황을 이렇게 회고했다. "일부 칠레 해안은 성난 파도로 악명이 높아요. 남극에서 발생한 맹렬한 폭풍이 이런 파도들을 만들어내죠. 우리는 연구소에 앉아서 이런저런 이야기를 하고 있다가 이 거대한 파도가 미미를 향하고 있는 것을 보았어요. 우리는 멍하니 바라보기만 했어요. 다행히 미미는 익사하지 않았죠."

늘어남의 과학

미미는 칠레로 가기 전부터 해초류를 연구하기 시작했다. 그녀는 조용한 바다에 사는 말미잘을 연구하다가 프라이데이 하버 해양연구소 근처에서 발견된 키가 크고 호리호리한 해초류에 관심을 갖게 되었다.

프라이데이 하버는 워싱턴주 푸젯사운드Puget Sound의 최북단에 있는 산후안San Juan섬에 위치해 있다. 이곳에는 다양한 해초류가 해안선을 감싸고 있다. 줄기 길이가 30미터가 넘는 거대한 황소다시마bull kelp부터 상추만 한 해초까지 형태가 무척 다양하다.

가스가 가득 찬 부유체 덕분에 해초류는 깊은 바닷속에서도 꼿꼿하게 서 있다. 하와이풍 셔츠와 캐롤라이나 연안의 따뜻한 물을 좋아하는 스티브 웨인라인트(왼쪽)는 프라이데이 하버를 벗어나 조사선 갑판에 쪼그려 앉아 이렇게 말했다. "저는 이런 날씨를 좋아하는 북극곰 같은 사람을 동경해왔어요.

미미는 물의 흐름과 이들 식물 구조의 상관관계를 조사하고 싶었다. 그녀는 또한 스티브 웨인라이트가 워싱턴을 방문해주기를 희망했다. 스티브는 다음과 같이 기억했다. "미미는 노스캐롤라이나에 있는 내 사무실로 들어와서 '교수님, 프라이데이 하버에 한번 가보셔야겠어요.'라고 말했어요. 그녀는 해양 생명체 역학을 연구해야 한다며 내 실험실 짐을 챙겨서 나하고 대학원생 세 명을 데리고 갔죠. 물론 나는 굉장히 기뻤어요. 그것이 생체역학 분야의 탄생이었습니다."

미미와 스티브는 고체에 작용하는 역학적 힘에 대하여 많은 이야기를 나누었다. 스티브는 이렇게 회고했다. "미미와 나는 두 가지 기본적인 힘에 관심을 기울이게 되었어요. 하나는 잡아당기는 인장력이고, 다른 하나는 밀어붙이는 압축력이죠. 현장에서는 인장력이 측정하기가 더 쉬워요. 그래서 우리는 인장력 속에서 살고 있는 생명체를 찾기로 합의를 봤어요."

그들은 황소다시마를 선택했다. 황소다시마는 사람 손보다 더 커다란 흡착 기관을 이용해 해저에 붙어 있다. 줄기의 맨 윗부분에서는, 기체로 채워진 부유체가 길고 무성한 이파리를 수면 근처의 빛 속으로 떠받치고 있다. 물리학을 공부한 결과 알게 된 것은 다시마에 작용하는 주된 힘이 그 줄기를 잡아끄는 파도와 해류라는 점이었다. 처음에 미미와 스티브는 당기는 힘을 견뎌내려면 다시마가 굉장히 질긴 물질로 이루어졌을 것이라고 예측했다.

두 사람은 첫 번째 테스트를 실시했다. "우리는 완전히 틀렸어요. 다시마 한 조각을 떼어내는 데는 그렇게 많은 힘이 필요하지 않았으니까요."라고 미미는 말했다.

이 말에 스티브는 자기 의견을 보탰다. "미미가 어땠는지는 잘 모르지만 저는 잡아끄는 물결에 다시마가 찢겨지지 않고 견딜 수 있는 역학적인 원리를 알아내고 싶어 잠을 이루지 못할 지경이었어요."

미미와 스티브는 다시마와 파도 간의 역학을 설명하는 복잡한 숫자와 그래프를 보여줄 수도 있지만, 좀 더 간단한 말로 설명해주었다. 다시마 줄기는 신축성 있는 고무줄처럼 늘어나서 파도의 힘을 흡수하므로 쉽사리 끊어지지 않는다. 그리고 번지 점프를 한 사람이 떨어진 다음 다시 솟구쳐 오르는 것처럼 신축성 있는 다시마도 매번 파도가 지나가고 나면 원래의 형태로 다시 돌아간다.

"만약 우리가 거대한 다시마를 만들려고 한다면 신축성 있는 물질을 사용해야 한다는 것, 또 물이 파도처럼 왔다 갔다 하는 곳에서는 길쭉한 형태가 도움이 된다는 것을 알게 되었어요. 그 식물이 끝까지 늘어나기 전에 물결은 대개 반대 방향으로 흐르기 시작해요. 그것은 흡착 기관이 정말로 큰 힘을 느낄 일이 절대 없다는 것을 의미하죠. 이는 마치 개를 산책시키는 것과 같아요. 개가 목줄을 잡아끌지 않으면 당신은 개가 목줄을 잡아끄는 힘을 느끼지 못하죠."

칠레에서

행운도 따라주었다. 미미가 해초류에 좀 더 흥미를 느끼기 시작했을 당시인 1976년, 밥 페인은 남아메리카의 노출된 암초 해안 연구 건으로 연구비를 받았다. 그는 남아메리카 암초 해안의 서식지와 태평양 연안 북서부 타투시섬의 서식지를 비교하고 싶었다. 미미가 열심히 연구하는 것을 아는 밥은 그녀에게 동행하자고 제안했다. 대신, 그녀의 연구에 시간을 조금 사용할 수 있게 해주었다.

미미는 그 기회를 꽉 움켜쥐었다. "저는 파도에 휩쓸리는 서식지의 두 가지 해초류가 어떤 형태를 지녔는지 살펴보고 싶었어요. 한 해초는 단단한 줄기를 가지고 있어서 작은 나무처럼 서 있었고, 다른 하나는 길고 흐늘거리는 이파리를 가지고 있었죠."

그 당시 화물량 제한 때문에 미미는 많은 장비를 가지고 갈 수 없었다. 그리고 생체역학이 신생 과학 분야였기 때문에, 칠레의 해양생물학자들로부터 그녀가 빌릴 만한 생체역학 장비도 하나도 없었다.

결국 미미는 자신의 측정 장비들을 스스로 여러 개 만들었다. 다시마가 얼마나 잘 늘어나는지 보기 위해, 그녀는 해안으로 떠밀려온 철망으로 바구니를 만들었다. 그녀는 자갈과 돌의 무게를 정밀하게 측정하고 각각의 무게를 페인트로 써 넣었다. 그녀는 다시마 한 조각에 바구니를 붙이고 절벽의 튀어나온 바위에서 그것을 아래로 늘어뜨린 다음 무게가 적힌 돌멩이를 하나씩 던져 넣었다. 그러고는 다시마가 얼마나 늘어났는지 줄자로 쟀다. 칠레의 어린이들이 숫자가 적힌 돌무더기 주위를 걸어가며 "숫자!"라며 킥킥거렸다.

미미는 또한 물의 속도를 재기 위해 전자식 장비가 아니라 기계식 유속기를 사용했다.

"저는 이 장비를 끝에 매달 만한 기다란 장대를 찾으려고 해변

해양연구소들이 4700킬로미터 길이의 칠레 태평양 해안에 점점이 흩어져 있다. 1976년 여름, 미미와 페인의 탐험은 칠레 북단에서 시작해 남쪽으로 진행하며 이루어졌다.

을 샅샅이 뒤졌어요. 그러고 나서 바위 위에 앉아 장대를 물속으로 집어넣고 움직이는 물살이 프로펠러를 회전시키기를 기다렸죠. 물이 빠르게 흐르면 프로펠러도 빠르게 회전하겠죠. 프로펠러 상의 숫자가 물이 얼마나 빠르게 움직이는지 보여주었어요. 성난 파도가 나를 덮친 그날, 저는 바로 그 일을 하고 있었어요. 파도는 저를 도로 뱉어냈지만 유속기는 삼켜버렸죠."라고 미미는 설명했다.

칠레에서 진행한 미미의 연구는 자연의 기계가 지닌 다양성을 다시 한 번 보여주었다. 그녀가 연구했던 해초류의 일부는 황소 다시마처럼 흐늘거리고 잘 늘어났지만, 다른 것들은 그렇게 말랑 말랑하지 않았다. "한 종류는 정말로 목질이어서 일종의 나무 같았어요."라고 미미는 말했다. 생체역학자로서 미미는 줄기의 세포 구조를 좀 더 정밀하게 조사하고 싶었다. 그래서 장기간 보존하기 위해 서로 다른 줄기 조각을 절여서 배낭에 챙겨 넣었다. 이후 미국으로 돌아와서 그녀는 전자현미경을 이용해 서로 다른 줄기 벽 속의 섬유질이 서로 어떻게 짜여 있는지, 예를 들어 그 줄기의 세포가 조밀한지 아니면 헐거운지 등을 연구했다. "저는 그런 방법으로 무엇이 어떤 줄기는 신축성이 있게 하고 어떤 줄기는 나무처럼 딱딱하게 하는지 찾아냈어요."라고 미미는 말했다.

해안을 따라

칠레 해안을 따라 내려가면서, 밥과 그의 팀은 종종 해양연구소 바닥에서 잠을 청했다. 그들은 스파게티, 마늘빵, 애플파이 같은 몇 가지 맛있는 옛날 가정식 요리로 잠을 재워준 사람들의 친절에 보답했다. 밥은 이렇게 말했다. "우리가 칠레에 이런 음식을 처음으로 소개했다고는 말하지 못하지만, 우리는 가는 곳마다 진수성찬을 차렸어요."

그 팀이 칠레를 떠날 때가 되었을 때, 미미는 밥의 제자 켄 세벤 Ken Seben과 함께 계획을 세웠다. 그들은 남아메리카를 가로질러 대서양에 있는 브라질 해안까지 가서 그곳에 사는 말미잘의 가까운 친척 모래말미잘 zoanthidea을 조사하기로 결정했다.

모래말미잘은, 특히 산호초에서 군집을 이루며 살기를 좋아한다. 그곳에서 모래말미잘 하나는 자기 복제본을 만들고는 서로서로 연결된 모래말미잘 무리를 형성한다. "그들은 유전적으로 동일해요."라고 미미는 말했다.

생태학자인 켄은 모래말미잘이 무엇을 먹는지 궁금해했다. 켄은 모래말미잘이 자기들끼리 혹은 이웃하고 있는 다른 생명체들끼리 어떻게 상호작용을 하는지도 알고 싶어 했다. 생체역학자 미미는 그 동물들의 형태를 연구하고 싶어 했다.

미미는 이렇게 회고했다. "그래서 우리는 모래말미잘이 무엇을 먹는지 조사하고 나서, 거기서부터 각자 독자적으로 연구하기로 했어요. 제게 그 말은 모래말미잘이 자기를 지나가며 흐르는 물에서 어떻게 먹이를 잡는지 알아낸다는 뜻이었어요."

조사 결과, 모래말미잘은 주위를 지나 흐르는 물에 실려 온 플랑크톤과 작은 입자들을 먹이로 삼는다는 것이 밝혀졌다. 그러면 모래말미잘은 먹이를 어떻게 잡을까? 또 다른 대학원생 댄 루벤

미미와 동료 생물학자 켄 세벤과 캐럴 슬로컴Carol Slocum이 18킬로그램짜리 짐을 짊어지고 칠레 해안의 새 연구 장소로 떠날 채비를 하고 있다.

스타인Dan Rubenstein은 이미 한 아이디어로 미미의 상상력을 자극한 적이 있었다. 듀크 대학교의 동물학과 커피 라운지에 앉아 있을 때, 댄은 자신의 가설 하나를 미미에게 이야기했다. 용광로 필터가 공기 중의 먼지를 걸러내는 것처럼, 댄은 어떤 동물들의 경우 물에서 먹이 입자들을 걸러낸다고 생각했다. 그래서 두 과학자는 서로 다른 형태의 필터가 어떻게 작동하는지 계산하는 수식을 이용해서 논문을 썼다.

여과-섭이 학설filter-feeding theory은 플랑크톤을 먹는 동물을 볼 때마다 미미의 마음속에서 맴돌았다. 그녀는 '필터의 구조가 그 동물이 먹이를 잡는 행동에 어떤 영향을 미칠까? 그것은 어떻게 작동할까?'라고 스스로에게 질문을 던졌다.

"브라질에 있는 모래말미잘은 동물의 크기와 형태가 플랑크톤을 여과할 수 있는 능력에 어떤 영향을 끼치는지 연구할 기회를 줬어요. 더욱이 연구할 수 있는 많은 종류의 모래말미잘이 있었죠. 정말 끝내줬어요."라고 미미는 말했다.

미미는 남아메리카로 가는 여행에 합류하려고 말미잘 연구를 쉬고 있었기 때문에, 큰 문제 하나를 해결해야 했다. 어떻게 해서든 그녀는 짧은 시간 안에 말미잘 연구에서 자신이 발견한 것들을 주제로 박사학위 논문을 써야 했다.

"대학원생들은 논문을 쓰는 데 피땀을 흘리죠. 논문에 많은 시간을 들여요. 프라이데이 하버에서 박사 후 과정을 시작하기 전에 논문을 마치려면 두 달밖에 남지 않았어요."라고 미미는 설명했다.

미래로 가는 티켓

남아메리카에서 여름을 보낸 다음, 미미는 서둘러 듀크로 돌아왔다. 미미는 자신의 박사학위 논문 제목을 '말미잘의 역학적 구조'로 정했다. 각 챕터는, 이 단순한 생명체의 복잡한 구조에 관한 특정한 공학적 질문들에 대답하는 내용으로 구성될 것이었다.

그때는 컴퓨터가 발명되기 전이라서 미미는 모든 것을 일일이 손으로 쓴 다음에 이를 타자수에게 건네주었다. 타자수가 타이핑을 하는 동안 미미는 암실에 들어가서 직접 찍은 말미잘 사진을 현상했다. 손으로 그림과 그래프를 그렸다. 그리고 그림에 활자처럼 보이는 끈끈한 작은 글자들로 라벨을 붙였다. "나는 그 글자들을 너무 세게 누르느라 땀에 흠뻑 젖었어요. 그 글자들은 종이 대신 나한테 달라붙었지요."라고 미미는 웃으며 말했다.

제출 기한이 다가옴에 따라, 미미는 생물학과 건물 안으로 슬리핑백을 가져와서는 밤낮 없이 작업했다. "만약 마감 전에 논문을 제출하지 못하면 학위를 받기 위해 또 한 학기를 기다려야 했거든요."

마침내 미미는 몇 시간 남겨놓고 논문을 제출할 수 있었다. 미미는 '만세! 드디어 잠 좀 잘 수 있겠다!'고 생각했다.

오래 작업한 박사학위 논문을 끝내고, 파김치가 된 미미 코엘은 주차장으로 걸어갔다. 차에 도착하니 주차 위반 딱지가 와이퍼 밑에 끼워져 있었다. "나는 합법적으로 차를 주차했어요. 그렇지만 하필 박사학위 논문을 제출하는 날이 교내 주차 허가 만기일이었어요."라고 미미가 말했다.

말미잘과 유사한 이 모래말미잘 군집은 모래말미잘 한 개체가 자기 복제본을 만들어냄으로써 형성된다. 브라질에서 모래말미잘 군집을 연구한 이후 미미와 켄은 그 연구를 재현하려고 파나마로 향했다.

많은 실험을 거치며

미미는 말미잘에 대해

놀라운 사실들을 알게 되었다.

미미는 현장이나 실험실 어디든 간에, 작업할 때는 창의성과 독창성을 중요하게 여겼다.

7장

풀어야 할 수수께끼

1977년도 어느 날 미미가 선체 외부 프로펠러를 들고 작업장으로 들어왔을 때, 워싱턴주 시애틀에 있는 조선소 노동자들은 어리둥절했다. 그녀는 정중하게 물었다. "이 프로펠러의 날개를 좀 깎아주시겠어요?"

조선소 노동자들은 이렇게 말했다. "이봐요, 아가씨. 우리는 바다를 항해하는 화물선을 취급하지, 보잘것없는 모터보트는 고치지 않아요. 게다가 이 프로펠러는 아주 작은데 뭘……."

미미는 그들이 어리둥절해하는 것을 감지하고는 설명하기 시작했다. "보트에 쓸 게 아니에요. 저는 물탱크를 만들고 있어요."

그녀는 최대한 자세히 물탱크의 디자인을 묘사하려고 애썼다. "그들에게 탱크가 물로 가득 찬 커다란 도넛같이 생겼다고 말했어

미미는 워싱턴주 시애틀에서 조선소 노동자들에게 물탱크에 사용할 프로펠러 디자인을 맡겼을 때도 창의성과 독창성을 중요하게 여겼다.

요. 그 도넛 안에 프로펠러가 들어가야 했어요. 도넛 안의 물을 휘저어야 하거든요. 작업장에서 프로펠러 날개를 깎아주면, 그것을 이용해 도넛 속의 유속流速을 조절하려고 했어요."

조선소 노동자들은 이해했다는 듯이 고개를 끄덕였다. 그러나 미미는 그렇지 않았다는 걸 나중에 알게 되었다. 프로펠러를 다시 찾으러 돌아왔을 때, 노동자 중 한 명이 그녀를 보고 이렇게 말했다. "아, 아가씨가 도넛 믹서기 만든다는 그 사람이죠?"

"그 분들은 '휘젓는다'는 말과 '도넛', 이 두 단어만 기억을 한 거예요." 웃으면서 미미는 말했다. "아마 도넛 반죽 기계를 만드는 줄 알았나 봐요."

DIY 과학

미미는 과학 용품점에서는 딱 맞는 장비를 살 수 없다는 사실을 일찌감치 알고 있었다. 그녀의 연구에는 종종 흔치 않은 장비가 필요했다. "연구를 하면서 많은 장치를 고안해야 했어요. 아버지와 함께했던 목공 수업이 꽤 유용했죠."

미미의 실험실 학생들은 미미가 프라이데이 하버에서 그랬던 것처럼 자체적으로 물탱크를 만든다. 하지만 이 학생들과는 달리, 미미는 혼자서 작업했다.

1970년 중반, 듀크 대학교에서 미미는 공방 수업을 추가로 받았다. 그녀의 멘토 스티브 보걸도 자신만의 장비를 만들었다. 그는 미미에게 선반 사용법을 알려주었다. 선반은 나무, 금속 또는 플라스틱을 절삭 공구로 자르는 동안, 물체를 고정시키고 돌리는 기계다. 실험할 때 필요한 장비와 모델의 부품은 이 기계로 만들 수 있었다.

미미가 듀크 대학교에 있을 때는, 스티브 보걸의 물탱크를 쓸 수 있었다. 하지만 1976년에 졸업한 후에는 그녀 자신만의 탱크를 만들어야 했다. 그녀는 액체와 기체의 움직임을 규명하는 유체역학 연구를 계속하고 싶었다. 또 유체역학을 생명체의 구조와

연계해 연구하고 싶었다.

답을 꼭 알아야 했다

1977년 미미는 자신의 첫 물탱크를 프라이데이 하버 해양연구소에서 만들었다. 그때만 해도 그곳에는 물탱크가 없었다. 1976년 가을, 그녀는 박사 후 과정 학생 신분으로 그곳으로 이사를 했다. "박사학위가 있다고 해서 과학자 되는 법을 다 배운 것은 아니잖아요? 지도교수와는 다른 지식을 가진 다른 과학자와 공부를 해야 하죠."

미미는 영국 요크 대학교에서 박사 후 과정으로 일할 수 있는 기회를 얻었고, 장학금을 받게 되었다. 하지만 그녀는 프라이데이 하버에 가려고 영국 유학을 미루었다.

"저는 듀크 대학교에서 댄 루벤스타인과 함께 연구했던 이론을 테스트해보고 싶었어요. 우리는 논문에서 해양 동물이 물에서 작은 음식물 입자들을 잡는 방법을 수학적 모델로 제시했어요. 만약 우리가 맞았다면, 물의 속도는 정온 수역에 사는 말미잘, 즉 크고 흰 촉수가 달린 키가 큰 말미잘이 미세 동물을 잡는 능력에 영향을 끼칠 겁니다. 나는 답을 꼭 알아내야 했어요!"

미미는 보조금 없이 프라이데이 하버를 향해 서부로 갔다. 그

항공사진으로 찍으면, 프라이데이 하버의 돌출형 부두와 아담한 연구소가 보인다. 이곳은 다양한 해조류와 해양 무척추 동물의 서식지다.

녀의 유일한 자금은 대학원생 시절 고이 모아놓은 약간의 저축과 여성과학전공자Graduate Women in Science 모임에서 받은 소액의 장학금뿐이었다.

"그 돈으로 일 년 내내 생활했어요. 원룸형 아파트에 살며, 주로 쌀밥만 먹고 낡은 옷을 입었죠. 대부분의 돈은 수중 카메라를 비롯해 여러 연구 기자재를 구입하고 물탱크를 만드는 데 썼어요. 얼마나 그 연구가 하고 싶었으면 그랬겠어요."

프라이데이 하버 해양연구소에서 미미는 리처드 스트라스먼Richard Strathmann 교수와 함께 일했

리처드 스트라스먼(오른쪽)과 동료가 프라이데이 하버의 연구용 선박 선상에서 해양 생물을 관찰하고 있다. 스트라스먼에게 해양 유충을 그렇게 열심히 연구하는 이유가 뭐냐고 물었더니, 이런 대답이 돌아왔다. "그야 유충이 예쁘기 때문이죠. 그놈들 모습과 형태를 제대로 알고 싶기도 하고요."

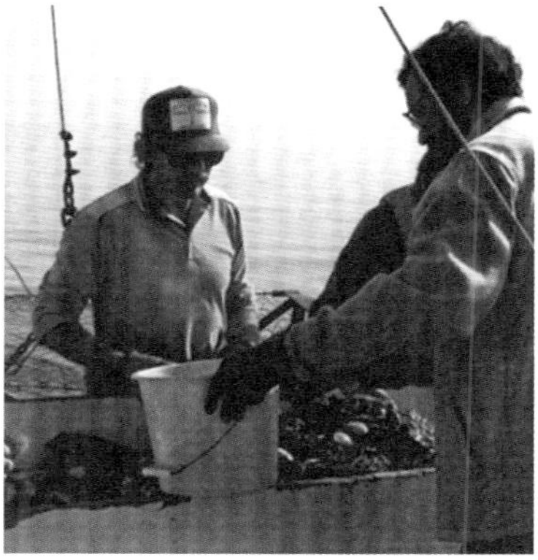

다. 그는 해양 무척추 동물의 유충을 연구하는 과학자였다. 이 유충은 여러 바다 생물의 알에서 부화한다. 해저에서 기어다니는 해양 동물이 되기 위해, 유충은 멀리 떨어진 서식지로 이주하는 길을 모색한다. 해류는 유충을 새 장소로 옮겨주는데, 유충은 그곳 해저에 정착하며, 변태하여 기어다니며 서식하는 형태로 바뀐다.

리처드 스트라스먼은 바다에 서식하는 미세 유충이 해류에 따라 표류하면서 어떻게 먹이를 구하는지 알고 싶어 했다. 대부분의 유충은 결국 서식지를 찾지만, 도중에 대다수 생물은 먹이를 먹어야 한다. 그렇다면 유충은 어떻게 먹이를 잡을까?

스트라스먼과 미미 둘 다 유충이 어떻게 먹이를 잡는지 관심이

스쿠버 마스크를 쓴 미미가 격자 방안을 이용해서 해류를 측정하는 유속 탐침과 암벽에 자라고 있는 말미잘 무리 사이의 거리를 측정하고 있다.

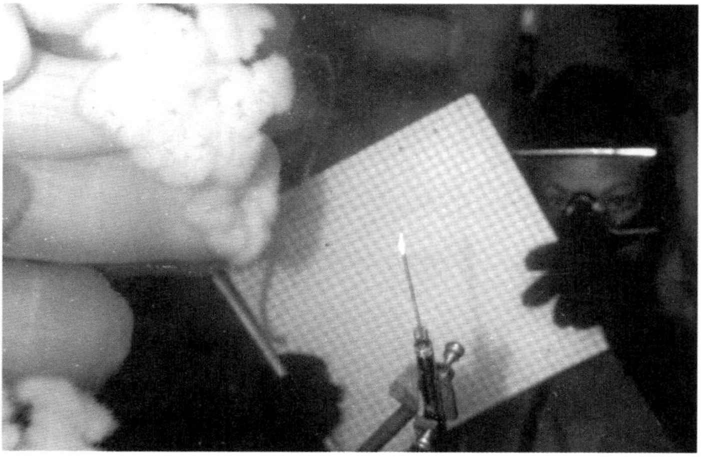

있었기 때문에, 스트라스먼은 미미를 박사 후 과정 연구원으로 받아들였다. 그는 미미가 물탱크를 설치할 수 있는 공간까지 마련해주었다.

많은 실험을 거치며 미미는 말미잘에 대해 놀라운 사실들을 알게 되었다. 물이 빠르게 흐를 때, 말미잘은 물이 더 천천히 흐르는 해저 쪽으로 구부러졌다. 뿐만 아니라, 빠르게 흐르는 물은 말미잘의 촉수들을 밀착시켜서, 해류가 더 빨라질수록 미세 입자를 잡는 그물망이 더 촘촘해졌다. 물의 속도가 먹이를 잡는 그물망의 모양을 변형시킨 것이다.

미미와 댄은 몇몇 해양 동물의 먹이잡이 필터가 용광로 필터처럼 작동한다고 생각했다. 하지만 미미는 새로운 사실을 발견했다. 용광로 필터와는 달리, 말미잘의 필터는 해류의 속도가 바뀌어도 계속 먹이를 잡을 수 있게 모양이 변했다.

구직 활동에 나서다

"누구라도 박사 후 과정으로 영원히 지낼 순 없어요." 미미는 혼잣말 하듯 말했다. "어렵겠지만, 직업을 구해야 돼요. 교수직 한 자리에 수백 명이 지원하죠." 그녀는 흔치 않은 분야를 연구했기에, 스스로를 해양생물학자나 무척추동물학자(물고기, 양서류,

파충류, 조류, 포유류가 아닌 동물을 연구하는 과학자)로 포장했다.

여러 곳에서 면접을 보러 오라고 연락했다. 그녀는 기억을 더듬으며 말했다. "너무 긴장되었어요. 해당 학과의 전체 교직원과 학생들 앞에서 강연을 해야 했죠. 또 교수들과 개별적으로 만났어요. 교수들은 제가 얼마나 훌륭한 과학자인지 알고 싶어 했어요."

언젠가는 면접을 보는데 심한 복통이 찾아왔다. 미미는 고통을 무시하려 했다. "단순히 심하게 긴장한 거라 생각했는데, 고통이 점점 더 심해졌어요."

속이 뒤틀리는 경험

면접을 마친 후, 미미는 간신히 프라이데이 하버에 있는 집에 도착했다. 잠을 자려고 애를 썼지만, 복통은 두 배로 심해졌다. 옆집에 사는 학생의 도움으로 미미는 섬 안에 있는 병원으로 갔다. 의사는 신속히 혈액 검사를 진행했다.

미미의 백혈구 수치가 놀랄 정도로 높았다. 의사는 그녀를 본토의 큰 병원으로 이송하라는 조치를 내렸다. 그곳에서 의사들은 그녀가 맹장염뿐 아니라 복막염(복부 내벽 염증을 일으키는 감염)까지 걸린 걸 발견했다. 엎친 데 덮친 격, 이중의 불운으로 그녀는 거의 죽을 뻔했다.

미미는 두 차례의 수술을 받았고 한 달 동안이나 입원했다. "정말 죽을 뻔했어요. 하지만 그후로 삶 자체를 진정한 선물로 여기게 됐어요. 그전까지는 일자리를 구하고 연구를 성공시키겠다는 마음에 너무 몰두해 있었어요. 일은 여전히 중요했지만, 병을 앓게 되면서 사과를 먹거나 얼굴에 햇볕을 쬘 수 있는 게 얼마나 감사한 일인지 알게 되었어요."

회복 과정은 고통스러웠다. 미미는 약 13.5킬로그램이나 몸무게가 줄었고, 음식은 간신히 넘겼다. 프라이데이 하버의 캠퍼스를 가로질러 걷는 것조차 힘들 정도였다. 미미가 회복을 하는 동안 좋은 소식이 날아들었다. 하나도 아닌 두 군데에서 일자리 제의를 했던 것이다. 미미는 로드아일랜드주의 프로비던스Providence에 위치한 브라운 대학교의 조교수 자리 제안을 받아들이기로 했다. 그래서 1977년 가을에 그녀는 짐을 꾸려 영국의 요크로 향했다.

비행기를 잘못 탔지 않았냐고? 그럴 리가 있겠는가. 영국 북부에 위치한 요크 대학교는 이미 미미를 위해 박사 후 과정 자리를 마련해두었다. 그녀는 그 자리를 채우기로 결심했다. 브라운 대학교는 기꺼이 미미를 기다리겠다고 했다. "그렇게 하는 게 대학교에도 좋거든요." 미미가 설명했다. "박사 후 과정으로 일 년 더 공부한 후 더 좋은 과학자가 되어 돌아갈 수 있잖아요."

자연의 신비

미미는 벽으로 둘러싸인 중세 도시 요크로 갔다. 그곳은 여러 석탑과 북유럽에서 가장 큰 고딕풍 성당이 있었다. 그녀는 대학교 건물도 그런 중세적인 분위기를 풍길 것이라고 생각했다. 예상과는 달리, 요크 대학교는 최첨단 건물들로 가득한 초현대적인 캠퍼스였다.

미미는 요크에서 생체역학 분야에서 획기적인 연구를 하는 영국 과학자 존 커리John Currey와 함께 일하게 되었다. 두 사람은 존이 스티브 웨인라이트를 만나러 듀크 대학교를 방문했을 때 만난 적이 있었다.

지금까지 미미는 '건축학적인 특징'에 초점을 맞추어 말미잘과 해초 같은 자

과거와 현재가 만나는 영국의 중세 도시 요크는 요크 대학교의 초현대적인 캠퍼스를 자랑한다.

연의 물컹물컹한 것들의 구조적인 면을 관찰해왔다. 이제 그녀는 자연에 있는 딱딱한 물체를 연구하고 싶어졌다. 존 커리는 이런 미미를 도와줄 사람으로 제격이었다. 그는 뼈와 조개의 기계적 구조를 연구하고 있었다.

영국에서 미미의 멘토였던 존 D. 커리 교수는 뼈와 조개껍데기 등이 어떻게 갈라지고 부러지는지 그 핵심 역학을 탐구했다.

그렇다고 미미가 물컹물컹한 생명체에 대한 연구를 접은 것은 아니었다. 그녀는 단단하고 바늘같이 생긴 유리와 백악chalk 입자를 폭신한 몸속에 품고 있는 특별한 종류의 생물체를 관찰했다. 침골spicule은 해면, 몇몇 산호, 해삼 같은 무척추 동물에게서 발견된다. 무척추 동물은 뼈대가 없지만, 침골이 일종의 골격 역할을 한다.

"온갖 모양과 온갖 크기의 침골이 있죠. 어떤 동물의 침골은 서로 가까이 있고, 어떤 동물의 침골은 아주 멀리 떨어져 있어요. 저는 침골의 크기, 모양, 침골과 침골 사이의 간격이 동물의 기계적 행동에 어떠한 영향을 끼치는지 궁금해지기 시작했어요."

미미는 침골에 대해 알아내려고 했다. 침골을 가진 여러 생물들을 비교하기 시작했다. 그러나 생물은 침골 사이에 서로 각자 다른 결합 조직을 갖고 있다. "생물의 어떤 특정 행동이 침골 때문에 생겨난 건지, 침골 사이의 결합 조직 때문에 생겨난 건지,

혹은 두 가지의 조합인지 알 수가 없었어요. 그 답을 알아내기 위해서 저는 모델을 만들기로 했죠."

조직 모델을 요리하다

침골 모델을 새로 만들 필요는 없었다. 단지, 죽은 해면과 연산호를 침골만 남을 때까지 굽고, 표백하고, 태우면 되었다.

하지만 미미는 결합 조직을 대신할 만한 물컹물컹한 물질을 찾아야 했다. 조직의 차이가 아니라 침골의 차이에 초점을 맞추고 싶었기 때문이다. 그러려면 결합 조직은 모든 실험에 똑같아야 했다. 또 이 물질은 실제 결합 조직과 같이 신축성 있어야 했다.

"마침내 집 근처 식료품점에서 사온, 밀도가 높고 고무 같고 맛을 첨가한 젤라틴 덩어리를 쓰기로 결정했어요." 미미는 설명했다. "젤라틴은 열을 가하면 녹아요. 그러면 틀을 사용해서 녹인 젤라틴을 여러 모양으로 만들 수 있어요. 어떤 맛이든 상관없기 때문에 내가 제일 좋아하는 맛을 선택했어요. 산딸기 맛으로요. 모양을 낸 젤라틴으로 샐러드를 만들었어요. 엄마표 샐러드처럼 건포도와 마시멜로를 섞는 대신, 저는 해양 무척추 동물의 침골을 넣었어요. 각 젤라틴 틀마다 다른 종류의 침골을 넣었죠. 내가 원하는 만큼 침골의 양을 조절해서 실험했어요."

미미는 말미잘 조직을 실험했던 방법과 똑같이 젤라틴 조직도 실험했다. 인스트론 테스팅 기계로 조직 샘플을 채취해서 그 조직이 얼마나 빳빳한지 신축성 정도를 측정했다.

커리 교수는 미미가 조직 모델을 요리할 때면, 냄새를 맡고는 그녀의 연구실에 들어가 화난 척하며 농담을 건넸다. "이 여자야! 또 온 동네가 산딸기 향이잖아!"

그가 그렇게 농담하는 동안, 미미는 침골

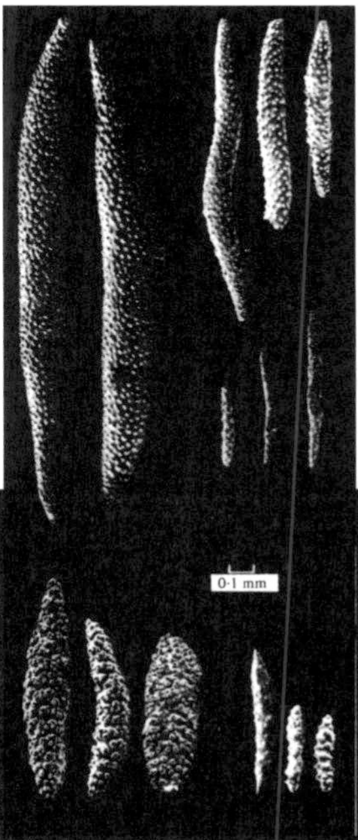

아름답고 구불구불한 많은 바다 생물들은 날카로운 침골에서 형태를 얻는다. 미미는 분홍색 부드러운 산호초에 있는 침골들을 연구했다. 다양한 생물체들의 구체적인 침골 이미지는 스캐닝 전자 현미경을 통해 포착할 수 있다.

모양의 골격에 대해서 몇 가지 재미있는 사실을 알게 되었다.

"이미 예상했겠지만, 조직에 침골을 많이 넣으면 적은 양일 때보다 더 뻣뻣하다는 걸 알아냈어요. 하지만 예상 밖의 사실도 알아냈어요. 저는 크기가 큰 침골을 넣으면 작은 침골을 넣었을 때보다 뻣뻣해질 거라 생각했거든요. 그런데 그렇지 않았어요. 작은 침골 여러 개를 넣으면 아주 큰 침골 몇 개를 넣는 것보다, 오히려 조직이 더 강화돼요."

이런 게 바로 과학의 매력 중의 하나다. 산딸기 맛 젤라틴 모델에서 이런 새로운 사실을 알아낼 거라고 누가 상상이나 했을까?

왜 안 되죠?

1978년 가을, 미미는 요크에서 얻은 새로운 지식을 가지고 브라운 대학교에서 생물학·의학 학부 과정의 조교수로 일하게 됐다. "평생 그렇게 열심히 해본 적이 없어요."라고 그녀가 말했다. "백지 상태에서 강의 준비를 새로 해야 했고, 현장 학습을 이끌고, 수업 실습 과제를 만들고, 학생 지도도 해야 했어요. 연구도 계속하고, 새로 발견한 것을 논문으로 출판하고, 생체역학에 대한 최신 논문을 읽고, 과학 관련 학회에서 강연을 해야 했어요. 체력이 방전되었죠."

어느 날 한 과학 잡지에 실린 광고가 그녀의 눈길을 사로잡았다. 캘리포니아 대학교 버클리 캠퍼스 동물학과에서 낸 구인 광고였다. "그곳은 스티브 웨인라이트 교수님이 박사학위를 딴 곳이에요. 저는 이미 버클리에 대해 좋은 얘기를 많이 들었죠. 게다가 그 대학은 많은 과학자가 온갖 첨단 연구를 하는 큰 학교예요. 과학자들이 종종 그렇게 하는데, 기존에 연구하던 분야와 다른 것을 배우려고 할 때는, 버클리에 가면 전문가들을 만날 수 있을 거라고 생각했어요."

미미는 우표를 사서 신청서를 보냈다. 현명한 투자였다. 버클리는 그녀에게 면접을 보러 오라며 대학교로 초청했다. 그리고 그 일은 현재의 그녀를 있게 한 계기가 되었다.

다큐멘터리는 1980년 2월에 방영되었다.

미미는 생체역학 분야의 '거물'들과 함께 출연했다.

조명, 카메라, 액션! 1979년, NOVA 과학 다큐멘터리 〈살아 있는 기계들 Living Machines〉 촬영 장면.

8장

시련의 나날

사자, 호랑이, 곰, 수탉, 펭귄을 포함한 로봇 동물들이 차례대로 텔레비전 화면을 천천히 지나간다. 아나운서의 목소리는 장난감 동물들의 행진을 방해한다. "본 방송은 지구상 가장 복잡한 기계에 관한 프로그램입니다. 그것은 바로 생물입니다."

카메라는 '자연공학'이라는 새로운 과학을 소개하는 스티브 웨인라이트를 비춘다. 그는 NOVA 인기 과학 프로그램에 출연한 몇 안 되는 생체역학자였으며, 그중에서도 첫 출연자였다.

출연한 과학자는 두 가지 기본 질문에 답을 내놓는다. 동물이 날거나 수영하는 것처럼 역학적인 행동을 하는 것은 어떻게 가능한가? 모양, 크기, 조직을 이루는 물질 등 어떤 신체 조건이 자연

과학 다큐멘터리 〈살아 있는 기계들〉의 제작진이 프라이데이 하버에서 미미에게 마이크 사용법에 대해 몇 가지 조언을 해주고 있다. 스쿠버 다이빙 장비를 착용할 때나 퓨젓사운드에 뛰어들 때는 어떤 조언도 필요하지 않았다.

의 힘에 맞서는 데 영향을 끼치는가?

스티브 웨인라이트 외에도, 미미의 또 다른 멘토 존 커리와 스티브 보걸도 이 프로그램에 출연해 자신들이 연구한 내용을 설명한다.

프로그램 중간쯤, 카메라는 프라이데이 하버 지역을 확대해 보여주고 이 프로그램의 유일한 여성 과학자인 미미가 등장한다. 말미잘 관련 연구를 설명하기 위해 그녀가 선정되었다. 제작진은 그녀가 퓨젓사운드The Puget Sound의 매우 차가운 물로 다이빙하는 모습을 찍는다.

미미에 대한 애착을 보이며, 스티브 웨인라이트는 "이 프로그램의 스타는 미미입니다."라고 선언한다.

이 다큐멘터리는 1980년 2월에 방영되었다. 미미는 생체역학 분야의 '거물'들과 함께 출연했지만, 그녀는 특별히 스타처럼 살고 있지는 않았다. 1979년 버클리의 구직 면접을 성공적으로 치렀지만, 동물학과 조교수 생활은 그렇게 화려하지 않았다. 천장엔 배관 파이프가 매달려 있고, 특히 공용 하수구가 막힐 때면 샤워실 배수관이 유독 가스를 뿜어내는 방 두 개짜리 지하 아파트에 살고 있었다.

"연봉을 받고 있긴 하지만, 과학자들은 자기 연구에 필요한 용품과 장비는 사비로 지불해야 해요." 그녀가 설명했다. "대학교 측에선 우리가 정부 또는 재단의 장학금이나 보조금을 받길 원하죠. 장문의 연구 제안서를 작성하고, 이 연구가 왜 중요한지 설명하고, 해답을 얻기 위해서 필요한 실험을 상세히 설명해야 해요. 그런데 이런 과정을 거친 과학자 중에 극히 일부만 자금 지원을 받죠. 저는 그때까지 큰 액수의 보조금을 받지 못했기 때문에 사비를 들여가며 연구를 해야 했어요. 첫 몇 년간은 정말 힘들었어요."

휴식 기간 중의 고난

이제, 미미는 경력의 성패를 좌우하는 상황에 놓였다. 그녀는 대학의 종신 재직권 또는 교수로서 안정적인 자리를 얻을 자격이 있다는 것을 증명해야 했다. 그런 직위를 얻는 것은, 정치적인 이유로 일자리를 잃을지도 모른다는 두려움 없이, 온갖 아이디어를 공개적으로 연구할 수 있는 자유를 보장받는다. "아시다시피, 대학 측에서는 일을 시작하자마자 바로 고용 보장을 해주지는 않아요. 가르치는 능력, 최첨단 연구 업적, 그리고 대학교와 해당 분야를 위한 노력과 봉사, 이 세 가지를 증명해야 하는 '프리테뉴어pre-tenure'라는 검증 기간을 거쳐야 하죠."

이런 기준 때문에 업무량은 가중될 수밖에 없다. 미미는 브라

1980년 초반, 어느 학술 토론회에서 남자 과학자들 사이에 서 있는 미미가 눈에 띈다. 자기의 외모보다 연구 내용에 집중하길 바랐던 미미는 일부러 헐렁한 옷을 입곤 했다. 그렇다고 해서 스티브 웨인라이트(뒷줄 왼쪽에서 두 번째)의 솔직함을 막을 수는 없었다. "오늘의 미미는 줄따개비 같아."

운 대학교에서 견뎌내야 했던 만큼 업무 하중이 심했다. 게다가 대학원생들도 가르쳤다. 이러한 압박 속에서 겨우 견디던 미미는 더욱 큰 장애물을 만났다. 중요한 보조금을 따내야 했다. 한정된 수의 보조금을 받기 위해 치열한 경쟁을 벌였고, 게다가 그녀는 생소한 분야의 연구를 하고 있었다.

매 학기마다, 버클리 대학교 동물학과 학과장은 미미에게 함께 커피나 한잔하자며 부르곤 했다. 그는 단도직입적으로 "논문을 얼마나 많이 썼나요? 보조금은 받았나요?" 하고 물었다.

미미는 논문을 많이 냈지만, 보조금을 따내는 데는 실패했다. 그래서 그녀는 커피 마실 때마다 "아니요, 전 아직 연구비를 타지 못했어요."라고 털어놓아야 했다. 미미에게 돌아오는 학과장의 대답은 한결같았다. “연구비를 받지 못하면, 종신 재직권은 얻지 못할 거예요.”

미미는 그 당시를 이렇게 회고했다. “학과장과의 면담 때문에 신경 쇠약에 걸릴 정도였어요. 그래도 압박에 힘입어 계속 연구를 할 수 있었죠. 연구 제안서가 퇴짜 맞을 때마다 다시 쓰고 또 보냈어요.”

여성 동맹의 힘

프리테뉴어 기간의 교수들은 여러 가지 면에서 현미경 아래 놓인 듯한 감시 아래에서 살아간다. 미미는 그 당시 과학 분야의 여성 교수가 거의 없었기 때문에 더 집중적인 관찰 대상이 되었다고 느꼈다. 미미는 세포생물학 여교수 베스 번사이드Beth Burnside를 떠올렸다. 미미가 듀크 대학교에 재학할 당시 번사이드 교수가 특강을 한 적이 있었다. 버클리 대학교에서 일하기 시작했을 때 미미는 번사이드 교수에게 연락을 했다.

“베스는 마침 그때 종신 재직권을 얻었어요. 그녀는 정말 바빴고, 나를 전혀 알지도 못했죠. 그런데 그녀는 저를 챙겨주고, 재직권을 얻는 과정에서 많이 도와줬어요. 사실, 베스는 그렇게 도와줄 필요도 없었는데……. 그래서 진심으로 고맙게 생각하고 있어요. 요즘 젊은 여성 과학자들을 만날 때마다 저는 베스를 롤모델로 얘기하죠."

미미는 버클리 대학교에서 조지 오스터George Oster라는 또 다른 멘토를 만났다. "그는 생물학 연구에 물리학을 사용하는 것에 관심이 있었어요. 그래서 새로운 아이디어가 생기면 그와 함께 토론했죠. 가끔은 조깅을 하거나 뛰면서 의견을 나누기도 했어요."

베스와 조지는 미미를 다른 과학자들에게 소개했다. 이런 만남을 통해 젊은 여성 과학자들로 구성된 특별한 '문제 해결 모임'을 알게 되었다. 그녀는 1981년 그 모임에 가입했고, 지금도 활동 중이다.

그 모임 회원들은 미미를 어떻게 기억하고 있을까? 우선, 수전 맥키Suzanne McKee는 이렇게 말했다. "우리 중에는 자신감 넘치는 사람이 없었어요. 이제 막 경력을 쌓아가는 단계였고, 모두들 성공에 조바심을 내고 있었죠." 엘렌 대니엘도 한마디 거들었다. "초창기 때 미미의 관한 기억들은 대부분 그녀의 탁월한 유머 감각뿐이에요. 그 덕분에 힘든 상황을 극복해나갈 수 있었던 것 같아요."

이 모임의 운영 방식은 이렇다. 2주에 한 번씩 목요일에 모여 각자 자신이 일하면서 겪고 있는 문제를 얘기한다. 다른 사람들은 방해하지 않고 경청한다. 그리고 다 함께 그 문제에 대해 토론한다.

"문제를 가지고 토론한 후에, 그 문제의 해결 방안을 놓고 모임과 계약을 맺어야 하죠. 다음 회의 때는 진척 상황을 보고하거나 새 계약을 맺어요."

미미(오르쪽)와 하이킹 파트너 엘렌 대니엘은 시에라Sierra 산맥 높이에 위치한 데솔레이션 자연보호구역을 향해 가려고 준비하고 있다. 그곳은 그들이 가장 좋아하는 곳이었다. 미미는 왼손에 지형도를 쥐고 있다. 황야 배낭여행에 필수품이다.

무엇보다도 이 모임은 자신감을 길러주었다. "여성이 많지 않은 분야에서 일하는 건 쉬운 일이 아니에요. 그래서 저희는 '보듬어주기'라는 시간을 만들었어요. 예를 들어, '좋은 논문 정말 잘 읽었어요!'처럼, 한 사람에게 칭찬을 해주는 거죠. 그런데 여기서 어려운 건, 칭찬을 받는 사람도 그 말에 동의를 해야 한다는 거예요. '네, 제가 좋은 논문을 썼죠!'라고요."

다리 제모하지 마!

퇴짜 맞은 미미의 연구 제안서 중 상당수가 요각류copepod에 관한 것이었다. 요각류는 참깨 크기의 새우같이 생긴 해양 생물이며, 지구 생물들에게 필수적인 동물이다. 그렇기 때문에 그녀는 연구 제안서가 거절당할 때마다 놀라곤 했다. 요각류는 해양 먹이 사슬에서 가장 밑바닥에 있는 단세포 해조류를 먹는다. 그러고 나서 큰 동물들에게 차례로 먹힌다. 사실, 요각류는 해양에서 가장 많은 생물이다.

요각류는 해양 생태계에서 큰 비중을 차지하기 때문에, 미미는 그놈들이 어떻게 먹이를 잡는지 알고 싶었다. 하지만 해양학자들은 이미 자기들이 답을 알고 있다고 생각했다. 즉, 요각류는 체같이 생긴 특별한 다리로 물에서 해조류를 걸러낸다고 말이다.

미미의 설명이 이어졌다. "요각류의 다리에는 털이 달렸어요. 그리고 그 털에는 또 짧고 억센 털이 달려 있어요. 요각류 다리는 조그만 어망같이 생겼어요. 모두들 성긴 어망을 가진 요각류는 큰 해조류만 걸러내고, 촘촘한 그물망을 가진 요각류는 작은 해조류까지 걸러낼 거라고 추정했어요. 하지만 이 추정을 실험해본 사람은 아무도 없었죠."

미미가 작은 털이 달린 다리에 관심을 갖게 된 이유는 뭘까? 듀크 대학교 동창이자 해양학자인 팀 콜스Tim Cowles는 요각류가 먹이를 먹을 때 스위치히터(야구에서 공을 좌우 양쪽으로 다 칠 수 있는 타자—옮긴이)처럼 행동하는 것을 발견했다. 자기 주변에 가장 많이 분포되어 있는 것에 따라 크고 작은 해조류를 사냥한다. 그런데 만약 요각류가 바다에서 먹이를 단순히 망으로 채집한다면, 크고 작은 해조류를 어떻게 번갈아가며 잡는가 하는 문제가 수수께끼로 남는다. 팀은 요각류의 먹이 사냥 수수께끼를 미미에게 가져가서 같이 해결해보자고 도움을 청했다.

"정말 재미있어 보이는 거예요." 미미는 회상했다. "그래서 '합시다!' 그랬죠."

목줄 맨 야수

요각류의 수수께끼를 푸는 데는 몇 가지 창의적 기법이 필요했다. 요각류의 다리는 너무 작아 육안으로는 관찰할 수가 없기 때문에 현미경으로 봐야 했다. 그렇다고 받침 유리(슬라이드) 위에 놓인 물 한 방울 속에서 요각류를 관찰하려 한다면, 그것은 실제 서식지 조건에서 관찰하는 것이 아니었다. "이건 마치 사람들이 아동용 풀장에서 허우적대는 것을 보면서 사람들이 어떻게 수영하는지 관찰하는 것과 다를 바가 없죠." 미미는 웃으며 말을 이어갔다. "우리는 요각류가 수족관에서 수영하는 것을 현미경으로 관찰해야 했어요."

또 다른 과학자, 루디 스트리클러Rudi Strickler는 그것을 가능케 하는 화려한 카메라 렌즈 시스템을 만들었다.

그래서 미미와 팀은 루디의 렌즈로 요각류를 관찰하기 위해 캐나다에 있는 루디의 연구실을 찾아갔다.

요각류는 먹이 사냥 때 다리를 너무 빨리 퍼덕거려서 카메라에

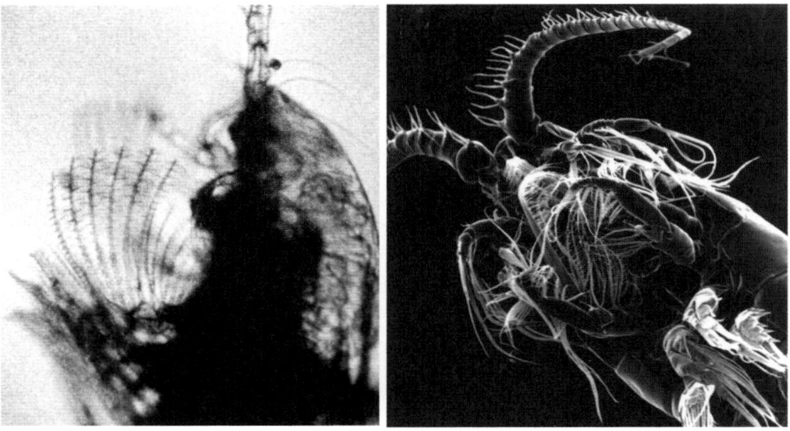

초고속 카메라로 찍힌 영상의 한 프레임에서 요각류가 먹이를 잡으려고 다리를 뻗는 것을 볼 수 있다. 주사형 전자 현미경으로 미미는 요각류를 근접 촬영할 수 있었고, 다리에 달린 털이 각 종마다 어떻게 배열되어 있는지를 관찰할 수 있었다.

흐릿하게 나왔다. 미미와 팀은 초당 500개의 프레임을 찍는 특수 카메라를 사용하여 이 문제를 해결했다. 이렇게 찍힌 영상을 그들은 한 프레임 한 프레임 관찰했다.

이 '영화'의 감독인 두 과학자는 배우들 때문에 골치가 아팠다. "카메라가 있는 정확한 위치에서 먹이를 먹으라고 요각류를 설득할 수는 없잖아요. 그래서 우린 요각류에게 목줄을 채웠어요. 미생물에 어떻게 목줄을 채우느냐고요?"

루디가 기발한 해결책을 제안했다. 미미의 설명을 들어보자. "우리는 사람 머리카락 끝부분에 강력 접착제를 묻혀서 요각류 등에 붙였죠. 요각류에게는 단단한 껍데기가 있기 때문에 이 과정에서 다치지 않았어요. 머리카락 목줄을 가지고 우리는 요각류를 카메라가 있는 곳으로 안내했어요. 우리 손으로는 미세하게 움직이기 어려워서 다이얼을 돌리면 목줄을 정확하게 움직일 수 있는 도구를 만들어 머리카락에 붙여 사용했어요."

미미와 팀은 요각류가 다리를 휘저을 때 주변의 물이 어떻게 움직이는지도 관찰해야 했다. 미미는 식용 색소를 바닷물에 풀었다. 그러고 나서 크고 작은 해조류를 먹는 요각류 근처의 물에 미세한 색조 물줄기를 방출할 수 있는 초소형 유리 노즐을 만들었다.

먹는 방법:
다리를 쭉 뻗어, 위아래로, 그리고 후루룩

영화가 개봉되자 많은 사람이 놀랐다. 한 장면 한 장면을 보면서, 미미는 주변의 물이 요각류의 다리 어망을 지나가지 않는다는 것을 발견하고는 소리를 질렀다. "저놈들은 물에서 먹이를 거르는 게 아니야! 전혀 다른 방식으로 먹이를 잡았어."

배고픈 요각류가 먹이를 먹는 방법은 이렇다. 큰 해조류에 가까이 다가가서 털 달린 다리를 쭉 뻗어 그 사이로 물을 끌어들인다. 해조류는 물 흐름에 따라 다리 사이에 있는 요각류의 입 주변으로 향해 가게 된다. 그러고 나서 요각류는 다른 부속 기관을 움직여 해조류가 가득한 물을 조금씩 입으로 쓸어간다.

미미는 루디의 카메라와 비슷한 렌즈와 카메라를 갖고 있던 구스타프-아돌프 파펜회퍼Gustav-Adolf Paffenhöfer와 함께 스키드어웨이 해양학연구소Skidaway Institute of Oceanography에서 요각류 관찰 영상을 더 찍었다. 그 결과 입 주변의 물에 해조류가 많지 않을 경우, 요각류의 행동이 달라지는 것을 알게 되었다. 요각류는 다리를 빠르게 위아래로 움직여, 물줄기를 끌어올려 미세한 해조류가 끊임없이 입으로 오게끔 한 다음, 그 물을 후루룩 마셨다.

동료들과 함께 새로운 사실을 발견해 신이 난 그녀는 이 사실을 발표하고 논문을 쓰기 시작했다. 단지 사실을 발표하기만 했는데도, 그로 인해 상당한 논란이 벌어졌다. 그녀가 학술 토론회에서 첫 발표를 하자, 어느 요각류 전문가가 이렇게 반대했다. "물리학은 당신의 요각류에게는 적용될지 몰라도, 내 요각류에겐 통하지 않아요!"

연구 제안서를 검토하는 과학자들은 이 전문가 의견에 동의하지 않았다. 그들은 이제 미미의 연구 결과를 획기적인 것으로 여겼고, 마침내 그녀는 보조금을 받게 되었다.

종신 재직권의 공포

1982년 미미는 소스라치게 놀랐다. 당시 그녀는 연구를 하기 위해 안식년을 보내는 중이었다.

그해 8월, 미미는 미래의 남편 잭 파월과 함께 배낭여행을 떠나려고 버클리로 돌아왔다. 사무실 우편함을 확인해보니, 학과장으로부터 편지가 와 있었다. "당신의 종신 재직권에 대해 조기 결정을 내리기로 했어요."

미미는 잭과 시에라 산맥을 오를 계획이었다. 이제 그녀는 산더미 같은 일더미를 올라가야 했다. 미미는 자신감이 그다지 없어서 이런 식으로 생각했다. '오 이런, 일을 너무 못해서 빨리 자르려고 하는 거 아닐까!'

미미의 두려움은 버클리 대학교 측에서 그녀의 절친 엘렌 다니엘에게 종신 재직권을 주지 않았다는 사실 때문에 더 커졌다. 엘렌은 이 문제를 여성 과학자 모임의 토론 주제로 올렸고, 결국 새로운 직종을 알아보는 것으로 귀결되었다. 미미 역시 문제 해결 모임에 도움을 요청했다.

엘렌은 "미미한테 소식을 들었을 때 힘들었어요."라고 말했다. "그녀에게는 기쁜 소식이고 나도 축하하는 마음이었지만, 내 입장을 고려했을 땐 슬펐거든요. 하지만 우리 모임에서 미미의 상황을 가지고 토론했고, 계속 좋은 친구로 남았어요. 오히려 미미는 내 경험담을 듣고 종신 재직권 때문에 겪는 고초를 알게 됐다고 말했어요."

대학 측은 미미에게 그녀의 능력을 입증할 만한 6년의 시간을 부여했다고 말했다.

"저는 준비할 시간을 조금 더 달라고 하려고 학과장님을 찾아 갔어요. 하지만 학과장 사무실에 들어가서는 그냥 울어버렸어요. 너무 창피했죠."

학과장은 미미의 말을 들었다. 그녀의 말이 끝났을 때 학과장은 "그래도 당신보다는 학과 사무실이 상황이 어떻게 돌아가는지 더 잘 알고 있지 않을까요?" 그리고 다른 사람들이라면 6년 동안 할 일을 미미는 3년 만에, 그것도 더 많은 일을 했다고 추켜세우며 종신 재직권을 받을 만한 충분한 자격이 있다고 했다.

"왜 그러냐 하면요, 직장을 잃을까 봐 남들보다 두 배로 더 열심히 일했거든요."

위 사진 : 미미와 교제하기 시작할 즈음의 잭 파월. **아래 사진** : '종신 재직권 공포증'을 달래려고 잭과 함께 하이킹을 갔던 산에서 미미가 바위 위로 고개를 살짝 내밀고 있다.

종신 재직권 신청에 필요한 서류를 제출한 미미는 잭과 함께 시에라 산맥으로 향했다. 도중에 타이어에 펑크가 났다. 두 사람은 늦은 오후에 산에 도착해, 수북이 쌓인 눈 위를 몇 시간 동안 터벅터벅 걷다가 해가 질 무렵 고산 지대에 도착했다.

"세상에서 가장 아름답게 물든 붉은 하늘과 색이 변해가는 구름을 봤어요. 종신 재직권이라는 현실에서 한시라도 빨리, 최대한 멀리 벗어나고 싶었어요. 그래서 8일 동안 모든 스트레스를 떨쳐내려고 배낭여행에만 전념했죠."

이 이야기는 해피엔딩으로 끝난다. 거의 일 년 동안 미미의 적격 여부를 심사한 후, 버클리 대학교는 그녀에게 교수 자격을 부여했다.

미미와 샤론은 날개구리가

제트 전투기와 비슷하다는 것을 알아냈다.

몇몇 연구 프로젝트는 무척 재미있다. 예를 들어 청개구리가 어떻게 활공하는지 알아내는 연구처럼 말이다.

9장

화려한 비행

추운 날 느릿느릿 움직이는 벌처럼, 10센티미터가 넘는 긴 곤충이 따뜻한 아침 햇살 아래 천천히 움직인다. 이 냉혈 동물은 체온이 따뜻해질 때까지 날개를 퍼덕이거나 땅을 박차고 오를 수도 없다.

어라, 잠깐, 뭔가 잘못된 것 같다. 이 곤충은 날개가 없다. 이 곤충은 얇고 짤막한 동체 보조 날개가 있다. 때는 선사 시대다. 그리고 이 곤충의 날개는 아직 발달하지 않았다.

1984년경 미미 코엘의 연구실에 온 것을 환영한다. 이곳에서 미미는 생물학 박사 후 과정 학생, 조엘 킹솔버Joel Kingsolver와 약 3500만 년

1987년에 과학 모임에서 미미가 동료들과 장난을 치고 있다.

에서 4000만 년 전의 시대를 연구했다. 이 두 과학자는 또 새로운 수수께끼를 풀려고 하는 중이었다. 이렇게 작은 것이 어떻게 날개로 진화했을까?

역사의 수수께끼

이 수수께끼는 미미의 상상력을 사로잡았다. "화석으로 알 수 있죠. 가장 원시적인 곤충들은 날개가 없었어요. 여전히 원시적이지만 그후의 화석을 보면, 곤충들의 몸에 '짧은 토막 날개stubby flap'가 있어요. 그 다음에 볼 수 있는 화석이나 최근의 곤충에는 날 수도 있는 길고 멋진 날개가 있죠. 조엘과 나는 이렇게 짧은 토막 날개가 어떻게 해서 멋진 날개로 진화했는지 알고 싶었어요."

이 수수께끼를 풀기 위해, 미미와 조엘은 자연선택 과정에 대해 고민했다. 어떤 종류의 생명이든, 개체별로 생김새가 조금씩 다 다르다. 그렇다면 초기의 몇몇 곤충은 아마도 다른 곤충에 비해 더 긴 날개를 갖고 있었다는 뜻이다.

여러 세대에 걸쳐 개체 수가 늘어난 긴 날개 곤충이 짧은 날개 곤충보다 살아남아 새끼를 더 많이 낳았다고 가정해보자. 곤충의 개체 수는 결국 더 긴 날개를 가진 곤충으로 이루어져 있을 것이다. 그럼, 긴 날개를 가진 곤충이 짧은 날개를 가진 곤충보다 더 잘할 수 있었던 것은 무엇일까?

날개 위의 덮개

이미 여러 과학자가 똑같은 질문을 던졌다. 몇몇 과학자들은 긴 날개가 되기 전의 짧은 날개는 낙하산 같은 역할을 함으로써 하늘에서 떨어지는 속도를 늦추었을 거라 생각했다. 다른 과학자들은 짧은 날개가 한 장소에서 다른 장소로 활공하는 데 도움이 됐을 거라고 생각했다. 세 번째 과학자 집단은 짧은 날개를 이용해 방향 조종을 하면서 뒤집어지지 않고 착지하는 데에도 도움이 됐을 거라고 추정했다. 하지만 네 번째 과학자 집단은 이 모든 이

날아다니는 원시 곤충의 모델을 만들기 위해 미미는 과거에 비행 기술이 어떻게 진화해왔는지 공부해야 했다. 사진은 그녀가 조사한 곤충 날개의 화석 중 하나로, 길이가 15센티미터이다.

론을 반박했다. 날개같이 생긴 것은 비행 도구가 아니라 태양열 전지판 같은 기능을 했다는 것이다.

"타임머신도 없으니 이런 이론들을 검증하겠다고 그 시대로 돌아갈 수도 없잖아요." 미미는 웃으며 말했다. "그래서 사람들은 서로 옳다고 싸웠죠. 조엘과 나는 모든 이론이 그럴싸하다 느꼈어요. 그래서 실험을 해보기로 했어요. 그게 과학이죠. 한 이론을 가설로 삼고, 그 가설이 잘못됐다는 것을 입증할 실험을 설계하는 거죠. 이렇게 하지 않으면 신념을 토론하는 것이지 과학을 하는 게 아니에요."

하지만 실험 설계를 하면서 미미와 조엘은 문제를 발견했다. 이 원시 곤충들은 멸종했다. 그럼 어떻게 실험을 할 수 있을까? 당연히 모델을 만들어서 실험해야 한다.

과거를 그리다

미미와 조엘은 곤충 화석의 사진들을 자세히 살펴보고 박물관에 가서 실물을 봤다. 덮개 같은 날개를 가진 이 곤충은 모양과 크기가 여러 종류였다. 두 사람은 가장 흔한, 동체의 폭이 넓은 모양과 얇은 원통형의 모양을 선택했다. 그런 다음 각 모양마다 대, 중, 소 사이즈의 모형을 만들기 시작했다.

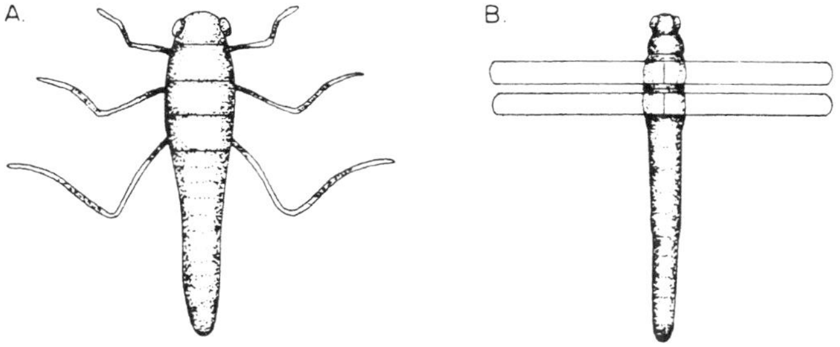

미미는 출판한 논문에 곤충 모형을 그려 넣었다. A와 B는 조엘과 미미가 고생대 곤충의 비행을 재현하려고 만든 곤충 모형을 위에서 본 모습이다. B는 긴 날개를 달았다.

"적합한 재료를 고르는 것이 가장 까다로웠어요." 미미가 기억을 떠올리며 말했다. 그들은 실제 곤충들이 그러는 것처럼 열을 전도하는 에폭시나 접착제를 사용해서 모형 곤충을 만들어야 했다. 날개를 만드는 것은 더더욱 어려운 도전이었다. 얇고 가벼운 세포막을 만들기 위해, 철사로 날개의 섬세한 윤곽을 디자인하고 인조 꽃을 만드는 데 사용하는 걸죽한 플라스틱 액체에 담갔다.

미미와 조엘은 또 선사 시대 곤충의 관점으로 세상을 다시 만들려고도 했다. "자전거를 탈 때를 생각해보세요. 바람이 나에게 부는 것 같지만, 사실은 내가 공기를 뚫고 나가잖아요. 공기 중에 떠다니는 벌레 입장에서는 바람이 자기 몸을 지나 부는 것처럼 느껴질 거예요. 우리는 곤충이 떨어지거나 활공할 때 곤충을 지나가는 바람을 나타내기 위해 풍동wind tunnel을 이용했어요."

시간 여행자

과거로 시간 여행을 떠날 준비가 다 되었다. 조엘과 미미는 그 여행에 적합한 시간 여행자였다. 조엘은 나비 연구를 통해, 나비가 날개를 이용해서 어떻게 체온 조절을 하는지 알게 되었다. 그는 '태양열 전지판' 이론을 테스트하기 위해 실험을 고안했다. 유체역학 전문가인 미미는 원시 곤충의 작은 날개가 공기를 통해서 이동하는 데 어떤 영향을 끼치는지 탐구했다. 이것은 엔지니어가 비행기의 비행을 공부하기 위해 사용하는 물리적 원리를 실험에 적용한다는 것을 의미했다.

조엘 킹솔버(왼쪽)와 미미는 함께 아래 사진처럼 선사 시대 곤충 모형을 실감나게 만들었다. 그리고 두 사람은 풍동 속 통제된 환경에서 모형을 실험한 후에 그 결과를 기록했다.

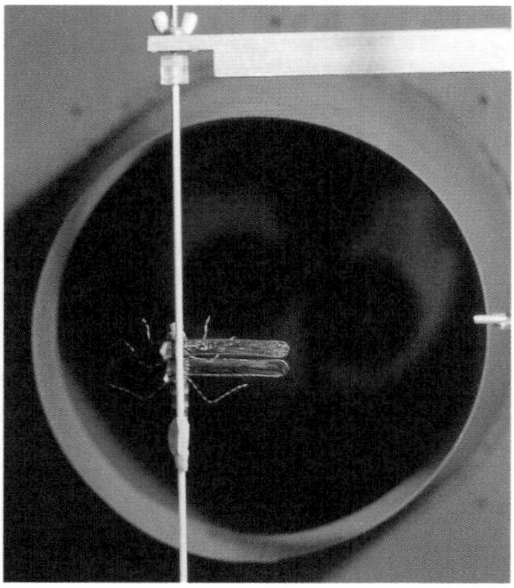

두 사람은 곤충 모형을 전자 장치에 연결해 모형의 온도가 얼마나 올라갔는지, 얼마나 원활하게 낙하와 활공과 방향 조종을 하는지 측정했다. 긴 날개를 가진 모형이 짧은 날개를 가진 모형보다 잘하는 게 하나라도 있으려나?

"우리는 온갖 날개를 다 만들었어요. 짧은 날개부터 우아하고 긴 날개까지 여러 개를 만들고 모형에 부착해서 풍동에 넣어 돌렸죠. 그러고 나서 날개를 바꾸거나 날개를 더 많이 추가해서 다시 실험을 했어요. 그런 다음 모든 날개를 제거한 뒤에 실험을 다시 했죠."

미미와 조엘은 데이터를 분석해본 후, 짧은 날개가 아주 효율적인 태양 전지판 역할을 한다는 것을 알게 되었다. 날개의 길이를 늘이자, 곤충의 체온을 높이는 데 더 효율적이었다.

그래서 '태양 전지판' 가설은 짧은 날개의 곤충이 긴 날개의 곤충으로 진화해온 이유를 설명할 수 있다.

하지만 중간 길이의 날개를 만드니 이야기가 달라졌다. "곤충의 체온 변화를 측정하지 못했어요. 긴 날개 끝에 흡수된 열이 곤충의 몸에 닿기 전에 주변 공기로 빠져나가는 거예요. 중간 길이의 날개를 가진 곤충들이 긴 날개로 진화하지 못한다는 것을 알고 나자 태양 전지판 가설은 더 이상 유효하지 않았죠. 우리는 그 이론을 포기했어요."

그렇다면 짧은 날개가 원시 곤충의 비행에 영향을 끼쳤다는 이론은 어땠을까? "원시 곤충들은 낙하, 활공 그리고 방향 조종 능력이 아주 형편없다는 걸 알아냈어요. 중간 사이즈의 날개를 부착하니 이 세 가지 능력이 향상됐어요. 긴 날개일 때의 비행은 더욱더 안정적이었죠."

선사 시대 곤충의 비행

미미와 조엘은 급진적인 새 이론을 제시한 게 아니었다. 그들은 그저 어떤 날개가 효율적이고 어떤 날개가 그렇지 않은지 관찰함으로써 기존 학설을 검증하는 방법을 새로이 구상했을 뿐이다. 그런데 선사 시대 곤충의 비행에 관한 그들의 연구는 대중의 관심을 끌었고, 기자들은 두 사람을 인터뷰하고 싶어 했다. 신문은 미미와 조엘의 말을 인용했고, 라디오 방송에서는 그들의 이야기를 내보냈다.

곤충 비행의 기원에 대해 논쟁하던 몇몇 과학자가 미미와 조엘의 연구 결과에 의문을 제기하기 시작했다. "저와 조엘은 둘 다 곤충 비행 분야의 신인이었어요."라고 미미가 설명했다. "실험하는 게 재미있었지만, 사람들이 우리를 공격하기 시작하면서부터 실험을 멈추었죠."

미미는 당분간 비행의 기원 같은 뜨거운 논쟁거리가 될 만한 주제는 피하기로 마음먹었다. 한편, 다른 흥미진진한 연구 프로젝트와 영광스런 일이 그녀를 기다리고 있었다.

게티즈버그에서의 명예

1985년 미미는 게티즈버그 대학교에서 수여하는 청년 졸업생 공로상Young Alumni Achievement Award 중 하나를 받았다. 학교 측은 원래 미술 전공이었던 그녀에게 생물학과 학생들을 대상으로 하는 특강을 부탁했다.

미미의 어머니는 이 소식을 듣기 바로 전에 돌아가셨다. 아버지도 심장질환을 앓고 있어, 얼마나 더 살아 계실지 모르는 상황이었다. 잭은 미미의 아버지를 특강에 모시고 가겠다고 했지만, 아버지가 거부했다. 그 무렵 아버지를 잃은 잭은, 화학 박사였던 자신의 아버지가 자기가 가르치는 것을 한 번도 보지 못하고 돌아가신 것에 크게 아쉬워했다. 그는 미미의 아버지에게 이렇게 말했다. "다시 이런 기회가 생길는지 모르겠군요. 미미는 아버님을 많이 존경했어요. 아버님을 따라 과학 교수가 되었잖아요. 미미가 얼마나 특별한 사람인지 꼭 보셔야 합니다."

미미의 아버지는 별다른 말을 하지 않고, 침실로 가서 여행 준비를 했다. 특강이 끝난 후, 아버지는 잭에게 다가가 "미미는 정말 특별한 아이야, 그렇지?"라고 말했다.

1984년에 샌프란시스코의 골든게이트교를 방문한 오빠 밥 코엘과 미미.

미미의 동생 밥의 말에 따르면, 아버지는 "자부심에 가득 찬 모습으로" 집으로 돌아왔다. 하지만 아버지는 미미에게 그런 마음을 직접 전하지 않았다. 미미는 이런 뒷이야기를 나중에 가서야 잭과 밥에게서 전해 들었다. 잭은 "아주 슬픈 일이죠. 이제 미미도 이 이야기를 알고 있어요. 저도 속 시원히 얘기할 수 있어서 다행이에요."라며 안심했다.

미미도 기뻐했다. 잭이 그날의 이야기를 할 때 그녀의 얼굴에 번지는 미소를 보면 알 수 있다. 조지 코엘George Koehl은 1987년에 생을 마감했다. 당시 미미는 아직 30대였다.

분홍색 날개구리

1980년대 후반에 미미는 또 다른 공중 생명체에 관심을 갖게 되었다. 유타 대학교의 생물학자 샤론 에머슨Sharon Emerson이 미미에게 열대 날개구리의 역학을 이해하는 데 도움을 달라고 부탁했던 것이다. 열대 날개구리는 나무 꼭대기에서 아래쪽으로 활공해서 열대 우림 바닥에 있는 물웅덩이에 알을 낳는다.

샤론은 개구리가 나무에서 뛰어내리는 이유는 알았지만, 그놈들의 기괴한 몸이 비행에 어떤 영향을 끼치는지는 이해하지 못했다.

미미는 샤론을 도와주기로 했다. 그녀는 우선 날개구리의 구조를 살펴보았다. 일반적인 개구리와는 달리, 날개구리는 날씬하고, 비행기처럼 생긴 몸에, 앞발과 뒷발에 커다란 물갈퀴를 갖고 있다. 날개구리는 움직이는 것도 일반 개구리와 달랐다. 나무에서 뛰어내릴 때, 무릎을 구부리고 커다란 물갈퀴 발을 펼친다. 같은 동작을 할 때 발이 작은 보통 개구리는 다리를 곧게 편다.

미미와 샤론 에머슨(앞쪽)이 개구리 모형을 자랑하고 있다. 한 학생의 도움을 받아 두 사람은 수제 풍동으로 비행 시험을 해보았다. 미미와 샤론이 실험한 플라스틱 기본 모형으로는 두 종류가 있는데, 두 종류 다 앞발, 뒷발, 덮개를 뗐다 붙였다 할 수 있었다.

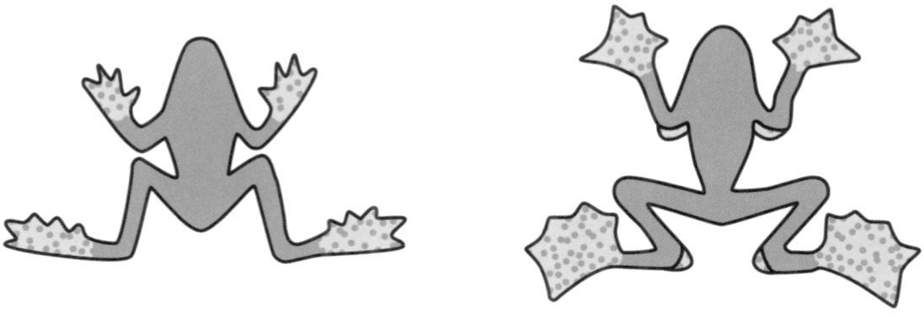

그녀는 궁금해졌다. '이처럼 구부러진 무릎과 화려한 발을 가진 특징은 개구리가 날아가는 능력에 어떤 영향을 미칠까?'

미미는 답을 알아내기 위해 모형을 만들기로 했다. 샤론은 보존된 날개구리와 일반 개구리를 제공했다. 두 사람은 치과 의사에게 치아 고정 장치를 만들 때 사용하는 분홍색 플라스틱으로 개구리 모형 틀을 만들어달라고 설득했다.

미미와 샤론은 바꾸기 쉬운 신체 특징들을 추가했다. 그들은 개구리를 날게끔 하는 큼지막한 발을 날지 못하는 뚱뚱한 개구리 몸에 부착했다. 개구리 모형은 무릎을 구부리거나 다리를 곧게 펼 수 있었다. "우리는 모자나 손지갑 같은 액세서리도 디자인했어요. 물론 실험에 사용하진 않았어요."라며 미미가 웃으며 말했다.

개구리 모형은 곤충용 풍동에 들어가지 않아서, 미미와 샤론은 보라색 판지, 강력 접착테이프, 고성능 선풍기로 새 풍동을 만들었다.

그들은 연구실 밖에서도 일했다. 미미는 산비탈에 있는 자기 집 테라스에서 분홍색 개구리를 던지면서 모형들을 실험했다. 샤론은 밑에 서서 떨어지는 개구리의 움직임을 관찰하며 큰 소리로 지시했다. 예를 들어, 개구리가 공중에서 빙글빙글 회전하면서 떨어졌다면 또 다시 "던져!"라고 미미에게 소리쳤다.

어느 호기심 많은 이웃 사람이 창문 밖으로 고개를 내밀고는, "지금 뭘 하고 있는 건가요?" 하고 물어보았다.

미미가 외쳤다. “네, 날개구리의 유체역학적 안정성을 테스트하고 있어요!”

“아하! 물론 그러시겠지.” 이웃 사람은 이렇게 말하며 재빨리 안으로 들어갔다.

잠시 후 옆집 소녀가 큰 소리로 똑같이 물었다. 이번에는 “분홍색 개구리를 가지고 놀고 있단다.”라고 미미가 대답했다.

어린 소녀가 대답했다. “와, 재미있겠다!”

미미는 웃으며 그때를 회고했다. “물론, 두 번째 대답이 더 정확한 대답이었죠.”

문제 일으키지 않기

미미와 샤론은 날개구리가 제트 전투기와 비슷하다는 것을 알아냈다. 여객기와 전투기의 구조 차이를 생각해보자. 여객기는 안정성을 고려해 설계된다. 바람에 흔들리는 것을 최대한 방지한다. 하지만 이런 구조 때문에 비행기 조종이 어렵다. 이것이 바로 여객기가 착륙할 때 대형 원을 그리면서 착륙하는 이유다. 반면에 전투기는 급선회를 할 수도 있고 마치 곡예하듯이 본체를 움직일 수도 있다. 하지만 매우 불안정하다.

이제 날개구리의 관점으로 열대 우림을 살펴보자. 울창한 숲은 나무로 우거져 있어서 날개구리는 나무에 부딪치기 십상이다. 게다가 번식하기 좋은 연못은 그런 숲 속의 바닥에 있는 아주 작은 목표 지점이다. 생존과 번식력을 고려한다면, 안정감은 기꺼이 포기할 수 있어야 한다.

미미와 샤론은 실험실에서 개구리를 던지면서 이것이 자연의 섭리임을 배웠다. 일반 개구리는 안정성을 추구하는 경향이 있다. 만약 일반 개구리가 나무에서 떨어진다면, 아마 안전하게 착지할 것이다. 날개구리들은 날씬한 몸, 거대한 발, 그리고 나무에서 떨어질 때 무릎을 구부리기 때문에 대체로 불안정하다. 하지만 빠르게 방향을 바꾸는 능력이 탁월해 나무에 좀체 부딪치지 않는다.

이 같은 연구 결과 덕분에 미미의 이름은 다시 뉴스에 오르내렸다. 1990년 7월, 그녀는 맥아더 펠로십을 받았다. (샤론 에머슨 역시 1995년에 이 상을 받았다). 기자들은 미미의 프로젝트에 새로운 관심을 가졌다. 몇몇 기자는 분홍색 플라스틱 개구리를 현관에서 던지는 것을 보겠다고 그녀의 집을 찾아갔다.

미미는 어렵게 느껴지기만 했던 과학에 재미있는 면도 있다는 것을 기자들에게 보여줬다. 하지만 그녀는 분홍색 개구리를 던지며, 지금껏 그 누구도 하지 못한 것을 이루어냈다. 날개구리를 이용해 날아다니는 동물의 공기역학적 안정성을 이해하게 된 것이다. 하지만 이러한 화려한 비행에도 불구하고, 미미의 첫사랑은 여전히 험난한 바다에 남아 있었다.

제자리 비행

바람이 한 점 없는 날, 시속 8킬로미터로 달리는 자전거를 상상해보자. 자전거를 탈 때, 공기를 가로질러 가면서 우리는 바람이 얼굴을 향해 불어온다고 느낄 것이다. 이제 대형 선풍기 앞에 있는 자전거를 상상해보자. 대형 선풍기에서 불어오는 바람의 속도는 시속 8킬로미터다. 비록 공기를 가로지르며 이동하지 않는다 해도, 공기가 지나가기 때문에, 같은 효과를 일으킨다. 왜냐하면 두 경우 모두 바람이 시속 8킬로미터의 속도로 움직이기 때문이다.

이제 열대 우림을 활공하는 개구리를 생각해보자. 바람은 뒤엉킨 나뭇가지의 윗부분을 스치지만 나무 아래쪽은 산들바람조차 느끼기 힘들다. 하지만 개구리가 공중에서 떨어질 때 공기는 개구리의 몸과 반대로 움직인다. 바람은 개구리와 같은 속도로 움직이지만, 반대 방향으로 움직이는 것이다. 그래서 개구리는 아래쪽으로 내려가면서 바람이 위를 향해 불어오는 듯한 느낌을 받는다.

모형 개구리의 몸 형태와 자세가 움직임에 어떻게 영향을 미치는지 알아내기 위해, 과학자들은 개구리가 떨어질 때 모형에 작용하는 공기의 힘을 측정한다. 그러기 위해 개구리 모형을 측정 장치에 부착한다. 그런데 모형이 장치에 부착되어 있으면 움직일 수 없다. 그러면 어떻게 해야 할까? 풍동을 만든다! 풍동은 기본적으로 거대한 튜브 안에 있는 선풍기라고 생각면 된다. 선풍기는 적절한 속도로 공기를 일정하게 불어넣고, 튜브 안의 장치들은 과학자들이 난기류 같은 요인들을 조정할 수 있도록 도와준다. 풍동 안에 모형은 러닝머신 위에서 달리는 사람처럼 '제자리 비행'을 한다.

풍동 속 바람이 모형 개구리의 활공 속도와 같은 속도로 지나간다면, 모형에 작용하는 공기 흐름은 실제 날개구리의 공기 흐름과 같을 것이다. 모형과 실제 개구리를 비교한 공기의 흐름이 같다면, 공기가 이 두 형체에 가하는 힘도 같을 것이다.

실제 날개구리가 풍동 안에서 공기를 가르며 날아간다. (무사히 착지했다.)

그 큰 새는 신랑 신부를 포함해

결혼식 하객들과 함께 춤을 췄다.

미미의 기대에 부응해, 1993년 잭 파월과 미미의 결혼식에 F. L. 밍고F. L. Mingo가 참석했다. 미미는 분홍색 털로 덮인 새 의상을 만들어 밥 페인에게 장난을 쳤다.

10장

성공의 향기

F. L. 밍고가 밥 페인과 함께 춤을 추려고 그의 등 뒤로 살금살금 다가갔다. 밥은 무도회장으로 향하는 분홍색 털이 달린 생물체를 보지 못했다. 밥은 춤추는 것을 싫어하지만, 미미를 생각해서 싫다고 단호하게 말하지 못했다.

미미는 밥에게 당부했다. "오늘은 제 결혼식이잖아요. 저하고 춤을 추셔야죠!"

"알았네." 불평 섞인 말투로 밥이 대답했다.

F. L. 밍고는 밥과 미미가 홍학(플라밍고)에 관해 농담하다가 만들어낸 이름이다. 숨 쉬고 살아 있는 사람만 한 F. L. 밍고가 잽싸게 움직여, 미미와 함께 춤을 추기 시작한 밥의 어깨를 톡톡 하고 두드렸다.

미미와 잭이 장난스러운 포즈를 취하고 있다.

털 달린 목도리로 완벽하게 꾸민 검은색 부리의 F. L. 밍고를 본 밥은 입을 다물 수 없었다. F. L. 밍고는 실존했다!

일단 딸꾹질을 멈춘 후 밥은 인정했다. "내가 미미에게 장난삼아 했던 F. L. 밍고 농담을 이제 와서 복수한 거예요. 미미가 의상을 직접 디자인하고 바느질까지 한 후에 과학자 친구한테 입으라고 한 거죠."

F. L. 밍고는 그날 엄청나게 큰 인기를 끌었다. 그 큰 새는 신랑 신부를 포함해 결혼식 하객들과 함께 춤을 췄다. 오랜 교제 끝에 미미와 잭은 1993년 2월에 식을 올렸다.

인생 설계

"첫눈에 반한 거죠." 수전 맥키는 두 친구 잭과 미미에 대해 이렇게 말했다. 그렇긴 하지만, 과학 토론을 넘어 짝으로 맺어지기까지는 고난이 있었다. 잭이 세 번이나 데이트 신청을 했지만 미미는 매번 거절했다.

"그때마다 바쁠 때였어요. 그리고 세 번이나 거절당하면 이 남자가 다시는 데이트 신청을 하지 않을 거라고 생각했어요."

"눈치 하나는 끝내주거든요." 잭이 웃으며 말했다.

미미도 웃었다. "솔직히 말해, 저도 정말 잭과 데이트하고 싶었어요. 그가 좀 귀엽다고 생각했고, 해류를 가지고 얘기를 나누어보니 정말 똑똑하더라고요. 하지만 저는 너무 부끄러워서 데이트를 신청하는 전화는 엄두도 못 냈어요. 그래서 버클리의 현대무용 공연에 초대한다는 엽서를 보내고 기다렸어요."

좋아! 11년간의 약혼 끝. 결혼식이 끝날 무렵 미미와 잭이 환하게 웃고 있다.

미미는 잭의 전화를 기다렸다. 잭은 전화 대신 "신문 머리기사에서 큰 글자들을 잘라 붙여서 몸값을 지불하라는 협박 편지처럼 보냈죠."라며 그때의 기억을 떠올렸다. "강한 인상을 남기고 싶었어요."

"성공했어요." 미미가 말했다. "편지를 열자마자 웃음이 터졌어요. 좀 이상할지도 모르지만, 분명 재미있는 사람일 거라고 생각했어요."

미미와 잭은 단순히 뛰어난 유머 감각만 비슷한 게 아니었다. 그들은 둘 다 야외 활동을 즐겼다. 두 사람 다 맛있는 음식을 좋아했다. 축구, 음악 콘서트, 미술관도 좋아했다. 그리고 그들은

미미가 전문가로 살아가던 과정에서 가장 중요하게 여기던 '두 남자'와 결혼식의 행복을 나누고 있다. 두 남자는 그녀의 멘토 스티브 웨인라이트(왼쪽)와 밥 페인(오른쪽)이다. "밥은 그날 분위기에 딱 맞춰서 옷을 차려입고 왔어요." 미미가 회상했다. "그리고 믿기지 않겠지만 스티브는 아주 편한 복장으로 왔죠!"

과학을 아주 좋아했다.

하지만 종신 재직권이 보장된 교수 겸 연구 과학자로서, 미미와 잭은 종종 그들의 전문성을 발휘해야 할 업무, 예컨대 해양학 관련 항해, 현장 견학, 과학 학회, 강연 때문에 곤란해질 때가 많았다. 이런 여러 가지 업무 때문에 개인적인 삶을 계획하는 게 어려웠다. 심지어 결혼도.

이 커플이 마침내 결혼식 일정을 잡자, 과학자 친구들은 전국 각지에서 비행기를 타고 날아왔다. "소규모 과학 학술대회 같았어요." 미미가 너스레를 떨었다. "모두들 우리 결혼식에 둘러앉아 자기들의 연구를 논의했어요. 최고였죠!"

듀크 대학교에서 결혼식에 참석하기 위해 달려온 스티브 웨인라이트 교수는 이렇게 말했다. "그 당시에 미미는 프로젝트를 많이 진행하고 있었죠. 그녀는 열정과 기쁨으로 프로젝트에 대해 설명했어요."

미미가 대단한 열정으로 이야기한 몇몇 프로젝트 중에는 털이 난 코, 특히 바닷가재의 코에 관한 것도 있었다.

수상한 냄새

바닷가재의 코는 먹잇감의 냄새를 잘 맡는다. 바닷가재의 코는 한 쌍의 털 달린 작은더듬이antennule다. 이 갑각류는 탁한 해저를 다니며 코로 냄새를 맡고 다닌다. 먹이를 찾기 위해 고도로 발달된 후각을 사용하고, 다른 바닷가재를 알아보기도 한다. 남자가 여자를 만나는 방식과 다를 바 없다.

미국해군연구소The U.S. Office of Naval Research는 바닷가재의 예민한 후각이 어떻게 작용하는지 알아내려고 했다. 어쩌면 이 작고 털 달린 코가 독성 물질을 찾는 수중 로봇을 설계하는 데 도움이 되지 않을까 생각한 것이다. 설계가 잘 되면, 수중 로봇은 잠수부들이 조사하기에는 아주 위험한 곳의 독성 물질도 찾아낼 수 있을 것이다.

미미는 동물들이 어떻게 냄새를 맡고 바다를 항해하는지 연구했고, 그 연구비를 지원받기 위해 연구 제안서를 썼던 과학자들 중 한 명이었다. 미미의 설명을 들어보자. “제가 하는 일은 로봇공학 분야가 아니에요. 하지만 저는 유기체가 물에서 어떻게 움직이는지 관심이 많아요. 그래서 요각류 같은 동물들이 털북숭이 다리를 이용해 어떻게 물에서 먹이를 얻는지도 연구했죠. 저는 바다에서 털이 어떻게 분자만큼 미세한 것들의 냄새를 맡는지 알아보고 싶었어요. 바닷가재의 코는 이 연구에 완벽한 대상이었죠.”

냄새 이해하기

냄새를 이해하기 위해서, 미미는 몇 가지를 먼저 들여다봤다. "우선, 바람이나 물의 흐름이 냄새를 어떻게 분배하는지에 관심을 가졌어요. 냄새가 어디에서 강하게 나고, 어디에서 약하게 나는지 궁금했거든요."

미미는 유기체가 냄새를 맡을 때 여러 종류의 냄새와 어떻게 상호작용을 하는지 알아내려고 노력했다. "냄새를 맡는 첫 번째 단계가 뭔지 알고 싶었어요. 코를 이용해 냄새를 포착하거나, 작은 더듬이로 느낀다거나, 뭐가 됐든 어떤 행동이 있을 거 아니에요? 생명체들은 어떻게 냄새 분자를 감지할까요? 코의 어느 기능이 냄새를 잡는 데 영향을 끼치는 걸까요?"

미미는 뇌가 냄새를 어떻게 해석하는지 알아내는 일은 신경생물학자들에게 맡겼다. "그들은 그게 저녁 먹잇감인지, 위험 경고인지 혹은 로맨스인지를 어떻게 뇌가 냄새로 식별해내는지 연구하죠."

신경이 날카로운 코털

연구 초기에 미미는 동물이 수영하거나 먹이를 잡거나 산소를 섭취하는 중요한 행동을 할 때, 털 달린 부속 기관들의 도움을 받는다는 사실을 알아냈다. 이런 부속 기관에 달린 털은 여러 가지 모양을 띠고, 털의 배열 또한 가지각색이다. 바로 이 지점에서 미미에게 의문이 들었다. '냄새를 맡을 때 특정한 코털 모양이 다른 모양보다 더 도움이 될까?'

답을 알아내려고 여러 형태의 털 배열을 비교했다. 그녀는 갯가재, 게, 바닷가재, 이렇게 세 종류의 갑각류를 골랐다.

"이 동물들을 잘 보세요. 머리 위 앞쪽에 한 쌍의 더듬이가 보

미미가 연구한 갑각류 중 하나인 왕새우spiny lobster가 서식지인 플로리다 산호초 주위에 있는 먹잇감, 친구들, 적들을 냄새로 감지하고 있다. 동그라미 표시된 더듬이로 뭔가 확실한 냄새를 맡으면, 그때 냄새를 따라 움직이기 시작한다.

일 거예요. 수족관의 바닷가재에게서 쉽게 볼 수 있는 조그만 더듬이는 쉬지 않고 튕기면서 움직여요. 그런데, 이건 더듬이가 아니에요. 사실은 털로 덮인 냄새를 맡는 기관이죠. 그리고 개개의 털마다 화학적 감각의 신경세포가 가득합니다. 이 신경세포들은 특정 분자와 반응했을 때 뇌에 신호를 보내요."

튕기고, 멈추고. 튕기고, 멈추고. 갑각류는 이렇게 '더듬이'를 분주하게 움직인다. 하지만 그 녀석들은 어떤 냄새를 맡고 있는 걸까?

그리고 어떻게 소용돌이치는 해류 속에서 냄새 분자를 찾아낼까?

답을 알아내기 위해, 미미와 그녀의 제자들은 주사형 전자현미경으로 갑각류를 관찰했다. 갯가재는 더듬이 한 마디에 털이 세 가닥밖에 없었다. 게의 코털은 칫솔같이 생겼다. 그리고 바닷가재 코털은 수백 가닥이 지그재그 모양으로 정렬되어 세 동물 중에서 가장 화려했다.

가끔씩 바닷가재는 더듬이를 튕기는 걸 잠시 쉬고, 코를 후비기도 한다. 바닷가재는 냄새를 맡기 위해 사는 게 아니라 살기 위해 냄새를 맡는다. 역겹게 들릴지도 모르지만, 만약 바닷가재가 코털에 걸린 찌꺼기를 정리하지 않는다면, 물속의 냄새 분자들은 그 털 안의 신경에 도달할 수 없을 것이다.

바닷가재 로봇

미미는 냄새 나는 물이 어떻게 바닷가재 코 털 주위의 좁은 공간에 들어가는지 이해하지 못했다. 그래서 그녀는 모형 만들기에 집중했다. 미미는 이렇게 회고하며 말했다. "바닷가재 한 마리가 성장하면서 껍데기를 벗었어요. 우리는 버려진 껍데기로 바닷가재 로봇을 만들고, 코가 있어야 할 곳에 가느다란 전선 두 가닥을 집어넣었어요. 그러고 나서 수산물 시장에서 얼린 바닷가재 한 마리를 사서 더듬이를 떼어내 장갑 끼듯이 전선 위에 씌웠죠. 마지막으로, 이 로봇을 컴퓨터 모터에 연결해 인조 더듬이를 튕길 수 있게 했어요."

어째서 미미는 이 실험에 실제 바닷가재를 사용하지 않았을까? 우선, 그녀는 여러 가지 털 모양/형태를 실험해보고 싶었다. 로봇 바닷가재는 새로운 코털을 장착한다고 화를 내지 않을 테니까. 또 다른 이유는 작은더듬이를 빠르게 혹은 느리게 움직인다 해도 로봇 바닷가재는 크게 신경 쓰지 않을 것이다.

또 미미는 냄새를 맡고 있는 바닷가재의 코를 보고 싶었다. "실제 바닷가재를 카메라가 설치되어 있는 곳에서 냄새를 맡으라고 설득해보세요!"

미미는 로봇 바닷가재를 캘리포니아 스탠퍼드 대학 연구소에 거대한 수조를 가지고 있는 엔지니어 제프 코세프Jeff Koseff에게 가져갔다. "그 수조는 자연 상태의 해류를 모방할 수 있었어요." 라고 미미가 말했다. "물이 소용돌이치면 냄새 분자도 같이 돌아가잖아요. 그래서 우리는 이 수조를 이용해 바닷가재가 살고 있는 서식 환경을 똑같이 만들기로 했죠."

냄새 맡는 더듬이

냄새는 눈에 보이지 않기 때문에, 미미와 제프는 '냄새 줄기odor plume'를 흉내 내기 위해 형광 염료를 사용했다. 로봇 바닷가재를 물탱크에 넣고 전류를 넣어 해류를 모방했다. 바닷가재의 먹잇감 냄새가 해저에 퍼져 나가듯, 형광 염료가 물탱크 바닥의 펌프에서 뿜어져 나왔다.

미미와 제프는 가느다란 레이저 광선을 바닷가재 코털 근처에 있는 색소 구름을 통해 비추었다. 어두운 공간에서, 물감 한 조각만 작은더듬이에 비추어졌다. 이를 통해 바닷가재의 작은더듬이가 색소 혹은 냄새 분자를 훑어갈 때 무슨 일이 일어났는지 볼 수 있게 되었다.

"이 실험을 하는 데 사람이 많이 필요했어요."라고 미미가 말했다. "누군가는 물탱크 관리해야죠, 다른 누군가는 레이저 조작해야죠, 바닷가재 조종하는 사람, 색소 펌프 작동하는 사람, 고속

미미의 로봇 바닷가재가 냄새 분자(색조 물줄기)를 인조 더듬이로 인지한다. 물줄기를 비추는 레이저 불빛이 코털과 냄새 분자가 만나는 곳을 보여준다.

카메라 조작하는 사람 등 여러 명이 달라붙었어요. 제프와 제자, 내 연구실 조교, 모두 동원됐죠."

다 함께 노력한 덕에 실험은 성공적이었다. 연구팀은 작은더듬이를 아래로 빠르게 내리칠 때만 빼곡한 바닷가재 코털 사이로 냄새가 들어간다는 사실을 발견했다. 작은더듬이가 서서히 위로 올라가는 동안 냄새는 코털 사이에 갇혀 있었다. 또 다시 빠르게 아래로 작은더듬이를 내리칠 때, 그 전에 있던 냄새는 빠져나가고, 새로운 물과 냄새 분자들이 코털 사이로 다시 들어왔다.

다시 말해, 바닷가재는 작은더듬이를 휘두를 때마다 신선한 물을 감지한다. 작은더듬이를 툭툭 흔들 때마다 킁킁 하고 냄새를 맡는다는 말이다.

줄무늬 냄새

바닷가재는 냄새를 맡으며 무슨 생각을 할까? 답은 아직 밝혀지지 않았지만 미미와 연구팀은 답이 될 만한 중요한 뭔가를 발견했다.

"물탱크에서 색조 냄새의 경로를 관찰함으로써 냄새는 구름처럼 떠다니는 것이 아니라 줄무늬 같은 패턴을 이룬다는 걸 알게 됐어요. 우리가 말하는 냄새 줄기는 미세한 실들로 이루어져 있는데, 이 실들이 깨끗한 물속에서 소용돌이치며 냄새를 냅니다. 그래서 가재가 작은더듬이를 움직이면, 어떤 특정한 종류의 실 패턴을 잡는 거죠. 마치 냄새 지도를 읽어내는 것과 같아요. 이 냄새 패턴은 냄새의 근원지, 예컨대 먹잇감에서 바닷가재가 가까워지거나 멀어지면 또 바뀝니다."

소용돌이치는 물속에서 바닷가재가 어떻게 냄새 줄기를 포착하고 자기 위치를 알아내는지 확인하기 위해 미미와 제프는 신경생리학자들과 같이 일하게 됐다. 그들은 바닷가재가 다양한 종류의 냄새 실을 인식할 수 있는지 여부를 알고 싶어 했다. "비록 바닷가재가 이 냄새 지도를 읽지 못한다 해도, 아마도 엔지니어들은 우리의 연구 결과를 이용하여 냄새 지도를 읽어내는 로봇을 만들 수 있지 않을까요?"

이후 미미는 바닷가재가 자기 주변의 물속에서 소용돌이치는 냄새를 어떻게 알아내는지 계속 연구했다. 더불어 그녀는 또 다른 냄새도 연구했다. 해저에 서식하는 생명체는 대부분 물속에 수많은 미세한 유충을 분출한다. 미미의 다음 질문은 이것이다. 유충들은 해저에 새 집을 찾을 때 냄새를 어떻게 이용할까?

미미와 마이크는 하와이 카네오헤만의

산호초 안과 위에 과학 기구를 설치했다.

미미가 하와이의 산호초에서 스노클링을 하며 유충이 어떻게 새 서식지를 찾고 정착하는지 관찰하고 있다.

11장

내 차례야!

"외진 곳에 있는 과학자들은 뭔가 잘못될 경우 창의적인 해결책을 내놓을 준비가 되어 있어야 한다." 1990년대 초반, 미미와 잭이 공동 연구 프로젝트를 진행하기 위해 필리핀 남동쪽에 위치한 산호섬 팔라우Palau로 떠났을 때도 그랬다. 두 사람이 착륙하기도 전부터 문제가 생겼다. 팔라우에 도착해보니 비행기에 실어놓았던 실험 장비가 몽땅 다 없어졌던 것이다.

미미가 실험을 도와주는 자원봉사자들에게 해양 유충을 옮기는 방법을 알려주고 있다.

"제가 갖고 있던 건 휴대용 가방뿐이었어요." 미미가 한숨 쉬며 말했다. "그 안엔 제 수영복, 사롱(말레이시아, 인도네시아 등지에서 남녀 구

분 없이 허리에 둘러 입는 천—옮긴이), 무무(헐겁고 화려한 하와이 여성의 드레스—옮긴이), 카메라, 형광 염료 약간, 스쿠버 마스크, 오리발밖에 없었죠. 이것 가지고 어떤 실험을 할 수 있겠어요?"

잭이 대답했다. "방울이죠! 우리는 방울을 만들었어요."

블루라군에서 온 방울

여태까지 미미와 잭의 실험 규모는 서로 달랐기 때문에 팔라우 여행이 가능하기까지 많은 계획이 필요했다. 해양학자로서 잭은 해양 생태계의 물리학과 생물학의 상호 작용을 관찰하기 위해 대규모 연구를 진행했다.

반면에 미미는 생체역학자로서 유기체들이 액체와 어떻게 상호 작용하는지 관찰하기 위해 소규모 연구를 진행해왔다. 그래서 두 사람은 함께 일할 수 있는 중간 규모의 프로젝트를 찾으려고 했다. 미미의 이야기를 좀 더 들어보자. "우리의 바쁜 스케줄을 고려해, 함께 연구를 한다면 서로를 더 많이 볼 거라고 생각했어요."

두 사람은 몇 센티미터에서 약 800미터에 이르는 거리를 가로질러 흐르는 물을 연구하기로 결정했다. 그들은 그 규모에서 이뤄지는 해양 연구 절차를 논의하며 다음과 같은 황당한 질문을 던졌다. 격동하는 해류는 어떻게 해저 생물들이 낳은 아주 작은 유충들을 널리 퍼트리는가?

미미와 잭은 집 근처에 있는 캘리포니아의 해안가에서 유충의 이동을 연구하기 시작하다가, 1991년에 팔라우로 떠나는 조사단에 덜컥 합류했다. 그러고 나서 짐을 잃어버리는 재앙을 맞게 된 것이다. 실험 장비 하나 없이 어떻게 연구를 할 수 있단 말인가?

미미는 아이디어를 생각해냈다. 휴대용 가방에 있던 형광 염료로 산호초 주변의 물이 어떻게 옮겨 다니는지 관찰하기로 했다. 미미는 이렇게 설명했다. "모래로 뒤덮인 해저와 거머리말sea-grass 무리 위에 염료 방울을 뿌렸어요. 얕은 물과 더 깊은 곳에 색소 방울을 만들었죠. 유충이 이동하는 데 여러 요소들이 어떻게 영향을 끼치는지 알고 싶었으니까요. 유충들은 헤엄을 잘 치지 못하기 때문에, 색소가 이동하는 것과 같이 움직이죠."

미미에게는 카메라도 있었다. "그리고 우리는 석호 주변에서 퍼져나가는 염료의 움직임을 사진으로 찍었어요. 색소 방울의 움직

남태평양 열도의 팔라우 석호와 암초 부근 해저에는 유충을 낳는 생명체가 가득하다. 자연의 아름다움에 사로잡혀 일본, 미국 그리고 팔라우 정부는 이곳에 비영리 해양 공원과 산호초 센터를 만들었다.

임과 퍼지는 모습을 측정함으로써 집에 있는 컴퓨터를 이용해 석호 해저 지형의 영향을 알아내고 유충이 물속에서 이동하는 방식을 수학적으로 계산할 수 있었어요."

하필 유행하던 수영복이…

미미는 매일 똑같은 옷을 입는 것에도 싫증이 났지만, 옷이 많이 없어서 더 심각한 문제가 발생했다. "그해에는 짙은 분홍색이나 형광 녹색 수영복이 유행했어요." 미미는 말했다. "잭이 형광 녹색 수영복 바지를 입고 형광 녹색 염료의 사이에 있을 때면, 그의 수영복과 염료 방울을 구분할 수가 없었어요. 그래서 실험 데이터 몇 가지는 버려야 했죠."

잭이 계속해서 말을 이었다. "그래도 분석할 자료가 충분했어요. 하지만 수백 장의 색소 방울 사진을 디지털 데이터로 바꾸려면 버클리 대학교 학부생들의 도움이 필요했죠. 그 다음 컴퓨터

잭이 형광 녹색 수영복 바지를 입고 해조류와 함께 있는 멍게 무리를 관찰하고 있다.

가 방울이 움직이는 정확한 패턴과 방향을 계산했어요. 불과 3주밖에 걸리지 않은 실험을 수년 간 분석했죠."

이 실험은 미미에게 큰 영향을 끼쳤다. 해류가 유충들을 어떻게 이동시키는지 관찰하면서, 그녀의 관심은 유충에게 쏠리기 시작했다. 하와이 대학교에서 안식년을 보내던 1997년, 기회가 왔다.

코에 대한 정보를 캐고 다니다

미미는 하와이에서, 해양동물학자 마이크 해드필드Mike Hadfield와 함께 나새류 동물의 코를 연구할 계획이었다. 미미의 설명을 들어보자. "바닷가재 코처럼 털이 많지 않아요. 오히려 부드러운 기둥 같아요. 저는 이렇게 생긴 코가 어떻게 냄새 분자를 읽는지 알고 싶었어요. 그놈들이 냄새를 맡을 수 있을까요?"

마이크가 해양 유충들에 대해 대학원 강의를 하고 있다는 것을 알고, 미미는 유충을 좀 더 배우기 위해 한 학기 수업을 들었다. "마이크는 화학적 신호가 어떻게 유충이 해저에 정착하게 하고 성체로 탈바꿈을 하게 만드는지에 대해 많은 이야기를 했어요."

마이크는 이 화학적 신호가 해저의 유기체들이 발산하는 냄새라고 설명했다. 신호 중 하나는 같은 종 성체가 발산하는 '향수'다. 또 다른 신호는 해저의 성체 생물들이 잡아먹는 먹이의 향기

갯민숭이의 머리를 보면 달팽이가 연상되는가? 그건 바로 두 생물이 연관되어 있어서 그렇다. 이 민달팽이는 2.5센티미터 정도의 크기로, 포리테스 산호를 먹는다.

이다.

미미는 동료로서 마이크의 견해를 반박했다. "당신이 말하는 신호와 관련된 실험은 모두 실험실 안의 유리 비커에서 일어났잖아요. 그 결과는 소용돌이치는 물결과 거센 파도가 난무하는 현실을 반영하지 못하고 있어요. 어쩌면 신호가 해류 때문에 뒤엉켜버려서 유충들에게 아무런 영향을 끼치지 않을 수도 있어요. 게다가, 유충의 수영 실력이 형편없다는 건 누구나 다 알고 있죠. 만약 유충이 신호를 감지한다고 해도, 그 신호에 어떻게 대처할 수 있을까요? 우리 함께 이 문제를 풀어보자고요."

마이크는 도전을 받아들였다. 나새류의 코를 연구하는 대신 마이크와 미미는 나새류의 유충을 같이 연구하기 시작했다.

두 사람은 학명 페스틸라 시보가이*Phestilla sibogae*로 알려진 갯민숭이를 실험 '모델 종'으로 골랐다. 마이크는 오랜 시간 동안 이 종을 연구해왔다. 과거에 비커 실험을 통해 그는 갯민숭이 유충은 성체가 가장 좋아하는 포리테스Porites 냄새를 맡으면 형태를 바꾼다는 것을 발견한 바가 있다. 미미와 마이크는 두 가지 질문을 던졌다. 산호초 위로 흐르는 바닷물이 어떻게 포리테스의 향을 희석시키는가? 소용돌이치는 물결 속에서 유충들에게 무슨 일이 일어날까?

신호에 반응하다

크기가 2.5센티미터 정도 되는 갯민숭이는 하루에 6000개의 알을 낳는다. 그래서 실험실에서 유충들을 기르는 것은 어렵지 않았다. 하지만 실험은 어려운 과제였다. 후추 알갱이보다 더 작은 유충은 미크론(백만 분의 1미터) 단위로 측정한다.

미미는 현미경으로 조그만 유충을 관찰했다. "갯민숭이 유충은 조그만 미키마우스처럼 생겼어요."라고 미미가 웃으며 말했다. "그놈들은 큰 귀를 닮은 날개를 가지고 있어요. 섬모(미세한 털)가 각 날개의 가장자리에 달려 있고, 유충들은 이 섬모들을 앞

뒤로 움직여 물을 밀어내면서 헤엄을 치죠."

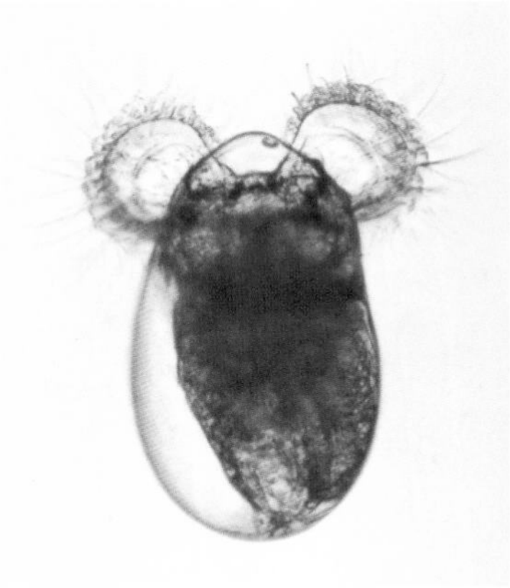

갯민숭이 유충을 현미경으로 175배 확대한 모습. 접을 수 있는 날개 때문에 미키마우스같이 보인다.

유충이 어떻게 신호를 만나게 되는지 알아내기 위해, 미미와 마이크는 바다로 나갔다. 그들은 포리테스 산호에서 나는 냄새에 대해 더 알아내고 싶었다. 미미와 마이크는 하와이 카네오헤Kaneohe만의 산호초 안과 위에 과학 기구를 설치했다. 정밀한 측정 기계를 통해 물은 산호초 위에 흐를 뿐 아니라 산호초 사이도 흘러 지나간다는 것을 알게 되었다. 산호초에는 모공과 같은 구멍이 있다. "우리는 물이 산호 가지 사이 공간으로 흐르는 동안 충분히 포리테스의 향을 집어낼 수 있을 거라고 예측했어요." 미미가 설명했다.

가설을 검증하기 위해, 두 과학자는 산호초 사이, 산호초 바로 위, 그리고 근처 곳곳에서 물 표본을 채취했다. 실험실로 돌아온 두 사람은 유충을 다양한 물에 노출시켰다. 비커 바닥으로 떨어져 탈바꿈을 하는 유충의 아주 단순한 반응은 유충이 신호를 읽었다는 뜻이다. 미미는 말했다. "우리가 추측한 대로, 산호초 사이와 바로 위에 신호가 존재했어요."

줄무늬 냄새 분자

화학 신호가 어디서 발견되었는지 아는 것만으로는 유충이 그 신호를 받고 어떻게 행동하는지는 알 수 없었다. 미미는 엔지니어 제프 코세프와 함께했던 바닷가재의 '줄무늬 냄새' 연구를 기억했다. "유충도 바닷가재와 비슷하게 실 줄무늬 냄새 패턴을 통해 헤엄쳐 다닐 거라고 생각했어요. 그래서 제프와 함께 산호초 주변에 흐르는 향기 패턴이 어떻게 생겼는지 알아내기로 했어요."

제프의 대학원생 제자 매트 리든바크Matt Reidenbach는 마이크가 하와이에서 보낸 죽은 산호의 뼈대를 이용해 거대한 물탱크 안에 인공 산호초를 만들었다. 그리고 탱크를 이용해 미미가 실제 해초 부근에서 측정한 파도와 해류를 흉내 냈다.

실제 산호초를 사용하지 않았기 때문에 산호초에서 새어 나오는 신호를 재현하기 위해 젤라틴과 형광 염료를 섞어서 칠하기로 했다. "젤라틴이 서서히 녹으면서, 산호에서 향이 방출되는 것과 같은 방식으로 물에 색소를 방류했어요. 그리고 아주 가느다란 레이저 불빛으로 물에 퍼진 색소를 비췄어요. 이 방법은 유충의 관점에서 염료를 보여줄 뿐만 아니라 산호초 위에 떠다니는 줄무늬 냄새 분자의 신호를 영상으로 찍을 수 있게 해주죠."

물에 빠지거나 헤엄치거나

그러나 미미와 마이크는 유충이 줄무늬 냄새 신호를 접하면 어떻게 그것에 반응하는지 알아내지 못했다. 그래서 미미는 요각류 연구 때처럼 유충에 목줄을 달아 관찰하기로 했다. "바셀린을 사용해서 매우 가느다란 전선을 유충의 껍데기에 붙였어요. 그리고 비디오와 현미경을 조합한 장비로 그 생물체를 촬영했습니다."

이전 연구에서 미미 팀은 유충들이 미키마우스를 닮은 날개로 물을 밀어내며 일정 속도로 헤엄친다는 것을 알아냈다. 그래서 물탱크 안의 물을 같은 속도로 설정했다.

그러고 나서 미미는 산호초의 신호를 줄무늬 모양으로 풀고, 유충의 반응을 영상으로 찍었다. "애벌레가 신호 냄새를 맡을 때마다 날개를 집어넣고 작은 돌멩이처럼 가라앉기 시작했어요. 그러다가 신호가 없는 곳을 지날 때면, 날개를 다시 펴고 헤엄치기 시작했죠. 한마디로 유충은 전원 버튼이 달린 기계와 같아요. 포리테스 냄새를 맡으면 해저로 가라앉았다가 냄새가 없을 땐 다시 헤엄쳐요."

이런 결과는 미미를 놀라게 했다. "나는 신호가 유충이 해저에 자리 잡는 데 별 영향을 미치지 않을 거라고 생각했어요. 비록 유충이 신호를 느낀다 한들, '이 하찮은 것들이 뭘 할 수 있을까?'라고 생각했어요. 제 예상이 완전히 틀렸던 거죠! 하지만 너무 멋지

위 사진 : 아름다운 포리테스가 넓게 퍼진 지역. **아래 사진** : 갯민숭이 성체가 산호초 포리테스를 먹고 있다.

지 않나요? 우리는 유충의 전원 장치가 어떻게 산호초에 정착할 수 있게 하는지 알아냈어요."

미미와 마이크는, 산호초의 냄새를 맡은 유충이 끈적끈적한 물질을 분비해 산호초에 달라붙는 것도 알아냈다. 이 연구의 매력에 흠뻑 빠진 미미는 매 여름마다 여러 종류의 해양 유충이 어떻게 서식지를 찾는지 알아내기 위해 하와이에 머물렀다. 물론 다른 연구도 계속했고, 그 와중에 새로운 명예도 얻게 되었다.

여러 방면으로 미미는

자신만의 고유한 과학 브랜드를 만들어왔다.

아인슈타인은 어떻게 생각했을까? 미미(가장 왼쪽)가 여성 문제 해결 모임 회원 여섯 명과 함께 국립 과학아카데미 밖에 놓인 대형 아인슈타인 동상에 앉아 있다.

12장

과학계에서 차지하는 위상

2001년 5월 1일, 미미는 해가 뜨기 전에 침대에서 빠져나와 컴퓨터로 일을 했다. 오전 6시경, 전화벨 소리에 그녀의 신경이 곤두섰다. '긴급 상황이 아니면 이 시간에 전화 걸 사람이 없을 텐데.'라고 걱정하며 전화기로 달려갔다.

전화기 너머로 미미가 워싱턴 D.C.에 있는 미국국립과학아카데미National Academy of Sciences(NAS) 회원으로 선출됐다는 소식이 들려왔다. 친구가 그녀에게 이 소식을 알려주려고 이른 아침 회의에서 뛰쳐나온 것이다.

"스스로를 몇 번이고 꼬집었어요." 미미가 말했다. "전화를 끊자마자 다시 전화벨이 울렸죠. 대여섯 번이나 전화가 왔어요. 모두 익숙한 목소리였기 때문에 그게 사실이라는 걸 알았어요."

미미가 국립과학아카데미 회원 명부에 자기 이름을 자랑스레 적고 있다.

서부 해안 지역과 동부 지역 간에 세 시간이라는 시차가 있었기 때문에, 미미가 전화를 걸었을 때 캘리포니아 버클리에 있는 사람들은 여전히 잠을 자고 있었다. 잠결에 소식을 들은 사람 중에는 미미의 남편도 있었다. 미미는 빨리 좋은 소식을 알리고 싶어 했지만, 그는 연구비 지원 신청을 위해 며칠 밤을 꼬박 새서 연구 제안서 작성을 겨우 끝냈던 상황이었다.

“불쌍하게도 며칠 만에 처음 잠을 자려고 하는데 눈치도 없이 저는 좋은 소식을 전하고 싶어서 안달이 났어요. 노벨상이 없는 분야에서, 국립과학아카데미 회원이 되는 것은 저희가 받을 수 있는 최고의 상 아니겠어요? 같이 일하는 동료들한테 이 소식을 전해서 축하를 받을 수도 있었지만, 전 세계 어느 누구보다도 잭에게 가장 먼저 알리고 싶었어요.”

시간이 흘러 마침내 오전 10시경에 잭은 슬슬 잠에서 깨어 뒤척이기 시작했다. 잭이 반쯤 잠에서 깨자, 미미는 흥분해서 좋은 소식을 전했다. 얘기를 들은 잭은 샌프란시스코만이 보이는 집 베란다로 그녀를 데리고 나가, 아침 햇살이 골든게이트교를 비추는 빛나는 경치를 함께 지켜보았다.

잭이 웃으며 말했다. “정확하게 뭐라고 했는지 기억은 나지 않아요. 하지만 이런 식으로 말했던 것 같아요. ‘당신이 정말 훌륭

미미의 집 베란다에서 보이는 경치. 샌프란시스코 도시와 골든게이트교를 아침 햇살이 아름답게 비추곤 했다.

한 사람이라는 걸 꼭 기억해야 해. 당신은 믿지 않을지도 모르지만, 다른 사람들은 알고 있거든.'"

과학 분야의 한 획을 긋다

잭이 이렇게 말했지만, 미미는 너무나도 당황스러웠고, 예전에 느꼈던 불안감이 서서히 되살아났다. "마치 1990년에 맥아더 펠로십을 탔을 때 느꼈던 감정과 비슷했어요."라며 미미가 회상했다. "뭔가 오해가 생긴 게 분명하다고 생각했죠."

주변 사람들은 미미를 설득했다. "미미가 자기 능력과 성공을 의심할 때마다 전 정말 할 말을 잃어요."라고 오빠 밥이 웃으며 말했다. "NAS는 매년 여러 가지 놀라운 일을 해낸 과학자 약 70명을 선정하죠. 2001년, 그 70명 중의 한 명이 미미였고요. 미미는 특별해요. 저는 늘 동생에게 특별하다고 말해줬어요."

미미의 멘토, 동료들, 그리고 친구들도 밥의 생각에 동의했다. 미미의 박사학위 지도교수였던 스티브 웨인라이트는 이렇게 전했다. "미미의 소식을 전하려고 듀크 대학교 캠퍼스 여기저기를 뛰어다녔어요. 그동안 듀크 대학교 출신 중 NAS 회원이 된 건, 남자 동물학자 한 명뿐이었죠. 이보다 더 기쁠 수가 없었어요."

1863년 에이브러햄 링컨Abraham Lincoln 대통령이 설립한 NAS는 연방 정부에 과학기술 문제에 조언을 해주는 기관이다.

NAS 회원이 된다는 것은 그 과학자의 업적이 인정을 받았다는 뜻이다. 2005년까지 약 2000명이 이 단체 회원으로 선정되었다.

오랜 NAS 회원이었던 밥 페인 박사가 미미를 후보로 지명했다. "NAS에 들어가려면 생산성이 높아야 합니다. 하지만 더 중요한 두 가지가 있죠. 그 사람이 수행한 연구의 참신함과 영향력이에요. 기존 NAS 회원들이 후보의 자격을 검토할 때, '그 사람이 과학적으로 사회에 얼마나 큰 영향을 끼쳤는가?'를 봅니다."

딱정벌레 사이의 나비

NAS 입회 행사는 2002년에도 열릴 예정이었으므로, 미미는 그날을 위해 여러 가지 준비할 시간과 여유가 있었다. 그녀는

NAS에 속해 있던 여성 문제 해결 모임의 멤버 네 명과 그녀의 가족, 친한 친구들을 초대했다.

주변 사람들로부터 많은 지지를 받았지만, 미미는 입회 행사 날짜가 가까워지자 초조해지기 시작했다. '도대체 무엇을 입고 가야 하지?' 그녀는 같은 해에 NAS 상을 수상하게 된 버클리의 기후 전문가 이네즈 펑Inez Fung과 "여자들끼리 하는 이야기"를 나눴다. 이네즈는 자기 어머니가 입었던 멋진 녹색 중국 웨딩드레스를 입을 계획이었다. 미미는 화사한 검은 드레스를 입고 그 위에 자기 결혼식 때 입었던 수제 실크 재킷을 입기로 했다.

선포합니다! 2002년 입회 행사에서 미미가 국립과학아카데미의 회장 브루스 앨버트Bruce Albert의 축하를 받고 있다.

마침내 그날이 되었다. 어두운 양복을 입은 남자들 사이에 두 여성이 서 있었다. 미미의 친구 수전 맥키는 웃으며, "두 사람은 딱정벌레 사이에 있는 나비들 같았어요."라고 말했다.

거대한 강당에는 NAS 신입 회원들과 그들을 축하하러 온 지인들이 앉아 있었다. 그리고 차례대로 한 명씩 과학자들은 넓은 무대를 가로질러 거대한 회원 명부에 서명을 하러 갔다. "그 회원 명부에는 아카데미 회원으로 선출된 모든 사람의 이름이 담겨 있었어요. 유명한 과학자들 서명이 아주 많았죠."

미미의 차례가 되자, 그녀는 자기 이름을 회원 명부에 자랑스럽게 써 넣었다. 그 명단 중 여성은 얼마 되지 않았다. 이것은 여성들이 과학계에서 인정받으려고 벌여온 긴 투쟁을 반영했다. 하지만 그곳에서 박수를 치고 있는 사람들은 딱정벌레들 사이에서 '여성'과 '과학자'라는 단어가 잘 어울린다는 것을 보여주는 나비의 탄생을 한껏 축하해주었다.

관심의 중심으로

가장 힘든 시기에 미미를 응원했던 미미의 오빠 밥과 올케 매리 코엘Mary Koehl은 미미를 위해 파티를 열었다. 미미를 깜짝 놀라게 해주려고 두 사람은 미미의 6학년 때 선생님인 해리엣 휘태커Harriett Whittaker를 초대했다. 코엘 가족의 유머 감각을 살려서, 밥은 미미가 창피해할 만한 "어릴 때 이야기"를 들려달라고 선생님에게 졸랐다. "자네도 알다시피 자네 여동생에 대해 할 말이라곤 좋은 것밖에 없네!"라고 선생님은 말했다.

미미의 NAS 입회식 다음 날, 미미는 또 다른 파티에 참석했는데, 거기서도 사람들의 축하가 계속 이어졌다. 하지만 이번에는 미국예술과학아카데미American Academy of Arts and Sciences에 선정된 것을 축하하는 자리였다. 미국예술과학아카데미는 1779년 하버드 대학교 졸업생들이 설립한 기관이다.

"이런 일이 일어나리라고는 전혀 예상도 못 했어요."라고 미미가 말했다. "그해에 수상자는 에드워드 케네디Edward Kennedy 상원 의원, 아프리카 소설가 치누아 아체베Chinua Achebe, 여배우 안젤리카 휴스턴Anjelica Huston 외에도 수많은 과학자들이 있었어요. 마치 맥아더 펠로십 자리에 있는 것 같았어요. 내 영웅들을 만날 수 있는 기회였죠."

미미의 오빠와 올케 매리는 미미의 삶에 아주 큰 버팀목이 되어주었다. "힘들 때마다 항상 매리 언니가 곁에 있어줬어요. 언니의 지혜 덕분에 사춘기의 성장통을 극복할 수 있었죠. 너무 이른 나이에 부모를 잃은 것도 언니 덕분에 이겨낼 수 있었어요."

2002년, 미미의 수상 경력은 더 이어졌다. 미국생체역학협회American Society of Biomechanics는 그녀에게 조반니 보렐리Giovanni Borelli 상을 수여했다. (보렐리는 갈릴레오 시대에 물리학과 인간의 움직임을 연구했다.) 스티브 웨인라이트의 설명을 들어보자. "이 상은 매년 생체역학 발전에 크게 기여한 사람에게 주는 상이에요. 이 상을 받는다는 것은 전 세계 동료들에게서 인정을 받았다는 것을 의미합니다."

앙코르! 앙코르!

그렇게 2002년이 정신없이 지나갔다. 이제, 미미의 입장이 되어 생각해보자. 앙코르 곡으로 무엇을 해야 할까? 이런 질문을 던지자, 그녀는 웃으면서 답했다. "저는 그냥 좋아하는 일을 계속 했어요. 자연이 어떻게 작동하는지 관찰했고, 학생들에게 자연을 어떻게 연구하는지 가르쳐줬어요."

미미는 바닷가재의 코, 유충, 그리고 예전부터 해오던 다른 연구들을 계속 진행했다. 또 그녀는 여전히 '재미있는' 새로운 프로젝트에도 참여했다. 2004년에 과학자들이 1억 2000만 년 이상 된 깃털 달린 공룡 화석을 발견했다는 소식을 듣고 그녀는 매우 신이 났다. 이런 궁금증이 샘솟았다. '깃털은 공중을 날아다니는 동물의 움직임에 어떤 영향을 끼쳤을까?'

미미는 연구소 일을 도우러 온 학부생인 캐런 양Karen Yang에게 이 질문을 던져 호기심을 자극했다. 미미는 캐런에게 깃털 달린 공룡으로 실험 비행을 해보라고 부추겼다. 생명공학 전공자인 캐런이 과거 세상으로 뛰어들 기회를 놓칠 리 없었다.

미미의 호기심을 사로잡은 이 공룡 화석은 미크로랍토르 구이 *Microraptor gui*라고 불리는 종이다. 이 공룡에게는 현대의 새처럼 앞발뿐만 아니라 뒷발에도 깃털이 있었다. 심지어 꼬리에도 깃털이 있었다. 미미는 잔뜩 들떠서 말했다. "저는 미크로랍토르 구이를 매우 좋아해요. 정말 아름다운 야수였잖아요."

깃털 달린 공룡

미크로랍토르 구이의 화석을 기초로 해서, 미미와 캐런은 스티로폼, 종이테이프, 새 깃털로 모형을 만들어 그 공룡에게 가능했던 동작을 알아보려고 했다.

"한마디로 말하면 유연하고 깃털 달린 미라를 만든 거예요." 미미가 웃으며 말했다. "다양한 모양으로 바꿀 수도 있고 여러 실험을 위해 깃털을 붙였다 뗐다 할 수도 있죠."

이 실험을 하기 전에, 미미와 캐런은 지구의 대기와 기후가 1억 2000만 년 전에 어떠했는지 알기 위해 지질학 논문을 읽었다. 공기 구성과 온도는 날아다니는 동물의 활공, 낙하, 방향 조종에 영향을 미쳤을 것이다. "마치 단서를 찾는 탐정이 된 듯한 기분이었어요. 우리는 미크로랍토르 구이의 시선으로 세상을 보는 데 도움이 될 만한 단서를 찾고 있었어요."

미미와 캐런은 2004년 깃털 공룡 모형의 첫 비행 실험을 실시했다. 하지만 2005년까지 그들은 미크로랍토르 구이에 관한 여러 질문에 답할 만한 충분한 데이터를 얻어내지 못했다. 미미는 다음과 같이 말했다. "과학은 과정이에요. 때로는 너무 느린 과정 때문에 좌절감을 느낄 수도 있어요. 반면에 좌절감이나 아직 답을 도출하지 못한 질문들 때문에 우리는 새로운 실험을 하고, 새로운 것을 배우고, 예기치 않은 뭔가를 알게 되죠."

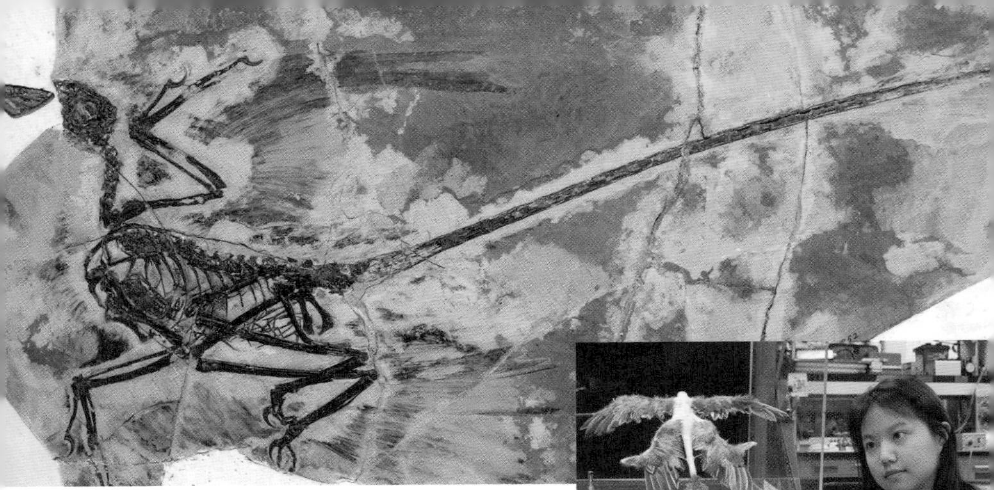

위 사진 : 깃털 공룡 미크로랍토르 구이*Microraptor gui* 의 화석. 돌에 찍힌 약 75센티미터 길이의 화석은 미미와 생체공학자 카렌 양이 모델을 만들고 실험할 때 청사진으로 사용되었다. **아래 사진** : 미미와 카렌이 만든 장치는 마치 풍동 실험에서의 활공처럼, 모델의 날개와 다리가 공기를 가로지르면서 움직일 때의 공기 속도를 측정한다.

그래서?

스티브 웨인라이트가 미미 같은 학생들에게 가르쳤던 수정 구슬 기법을 떠올려보자. "그래서?"라고 반문할 수 있다. 만약 수정 구슬을 갖고 있어서 그걸로 자연의 생명체가 어떻게 움직이는지 그 답을 모두 알 수 있다고 가정해보자. 그렇다면 뭘 알 수 있을까?

우선, 공학과 생물학 사이의 연관성을 배우게 될 것이다. 예를 들어, 특정한 몸통 모양을 한 유기체가 어째서 다른 구조를 가진 유기체보다 서식지에서 더 잘 살아남는지 알게 될 것이다. 생물의 서식지에 미치는 인간의 악영향 또한 깨닫게 될 것이다.

미미는 무엇을 발명했는가? 그녀는 창의적인 기법을 고안해냈지만, 인간이 실용적으로 사용할 만한 발명품을 만들어내려고 하지는 않았다.

"저 같은 기초과학 연구자는 자연계의 작동 원리를 규명할 기초 원리를 발견하려고 하죠. 예를 들면 이런 것들이에요. 별, 산, 아기는 어떻게 만들어지나요? 화학 반응을 촉진하는 요인은 무엇일까요? 동물은 어떻게 수영하고, 날고, 냄새를 맡을까요?"

이와 달리 응용 연구자는 이런 원리를 효과적으로 현실에 적용하려고 한다. 응용 과학자는 기초 연구자가 발견한 것을 적용해 실질적으로 문제를 해결하는 데 관심이 크다. 미미의 바닷가재 코 관련 실험을 예로 들자면, 응용 연구자인 엔지니어는 기초과학 연구에 기대어 언젠가 인조 코를 만들 수도 있다.

중요한 것은 여러 방면으로 미미는 자신만의 고유한 과학 브랜드를 만들어왔다는 점이다. 그녀는 기존의 과학 분야를 넘어 자연의 형상, 형태, 그리고 움직임을 관찰했다.

아이들에게 이야기를 할 때면, 미미는 다음과 같이 말하곤 한다. "모든 사람은 우리가 살고 있는 세상과 우리와 함께 살아가는 생물에 대하여 새로운 답을 찾을 수 있는 재능을 갖고 있어요. 그러니 과학을 두려워하지 마세요. 하지만 최선을 다하세요. 과학은 아주 거대한 분야이지만, 제가 그래왔듯이 여러분도 이 분야에서 여러분만의 특별한 자리를 찾을 수 있을 겁니다."

걸어온 길

1948 10월 1일 워싱턴 D.C.에서 미미 앨마 루스 코엘 출생.

1953 메릴랜드주 실버스프링에서 이후 13년간 공립학교에 다님.

1956 미미의 오빠 밥이 대학 진학을 위해 집을 떠남.

1966 1000명 이상의 학생 중 오빠와 똑같이 18등으로 고등학교 졸업. 펜실베이니아에 있는 게티스버그 대학교에 진학.

1970 초등교육 분야에서 뛰어난 성과를 내 '컬럼비아 대학교 사범대학 도서상'을 수상. 미술에서 과학으로 전공을 바꾸고 생물학 학사로 졸업. 듀크 대학교 동물학과에서 대학원 과정을 시작함.

1971 스티브 웨인라이트가 안식 기간을 마치고 돌아와 미미의 멘토가 됨. 스티브는 그녀가 생체역학 분야에 관심을 갖게 되는 데 큰 역할을 함.

1972 생태학자 밥 페인을 만나 파도가 해안가에 사는 유기체에 미치는 영향을 연구하기 시작함.

1976 말미잘 연구를 바탕으로 듀크 대학교에서 박사학위 취득.

1977 프라이데이 하버에서 박사 후 과정으로 일하는 동안 맹장염과 복막염에 걸려 거의 죽을 뻔함. 요크 대학교에서 일 년 동안 박사 후 과정을 밟기 위해 영국으로 건너감.

1978 로드아일랜드주 프로비던스에 위치한 브라운 대학교의 조교수로 임용되어 미국으로 귀국함.

1979 캘리포니아 대학교 버클리 캠퍼스의 교수진에 합류. 생체역학을 다룬 NOVA 텔레비전 프로그램에 출연함.

1981 여러 여성들과 함께 일에 관련한 문제에 대해 토론하는 '문제

해결 모임'에 참석하기 시작함.

1982 예상보다 3년 일찍 종신 재직권을 얻음.

1983 유망한 과학자로서 '젊은 과학자 상'을 수상함.

1985 게티스버그 대학교에서 주는 '청년 졸업생 공로상'을 수상함.

1986 영국 옥스퍼드 대학교의 수학 생물학 센터에서 객원 교수로 활동함.

1988 존 사이먼 기념재단 펠로십을 수상함.

1990 맥아더 재단 펠로십 수상자로 선정됨.

1993 해양학자 잭 파월과 결혼함.

2001 국립과학아카데미의 회원으로 선출됨.

2002 미국예술과학아카데미 회원으로 선출됨. 미국생체역학협회는 미미의 훌륭한 연구 경력과 생체역학 분야에서의 공로를 인정해 조반니 보렐리 상을 수여함.

2005 바닷가재가 어떻게 냄새를 맡는지, 유충이 어떻게 서식지에 정착하는지를 연구하는 한편, 코르크 마개뽑이처럼 생긴 박테리아가 어떻게 꼬이게 됐는지, 깃털이 어떻게 공룡의 비행에 영향을 끼치게 됐는지 등 새로운 질문을 던지며 다양한 연구를 진행함.

2006 게티스버그 대학교로부터 명예 박사학위를 받음. 미국지질학협회의 레이첼 카슨 상을 수상함.

2009 국제생체역학협회의 무이브리지 상을 수상함.

2011 중국 리자청 석학강연에 초대됨.

용어 설명

이 책은 생체역학이라 불리는 새로운 과학 분야를 소개한다. 아마 'bio'와 'mechanics'라는 두 단어를 보면 어떤 분야인지 짐작할 수 있을 것이다. 첫 번째 단어 'bios'는 생명이라는 뜻의 그리스어에서 유래했다. 두 번째 단어 'mechanics'는 힘과 운동 같은 물리학의 연구 분야를 의미한다. 생체역학자들은 대개 인간의 몸을 연구한다. 하지만 이 분야의 몇몇 과학자는 미세한 해양 생물, 해초, 바닷가재, 날개구리, 심지어 멸종된 동물 같은 인간 이외의 생물들은 연구한다. 생체역학 분야는 흔히 접하는 평범한 생물학 분야와는 다소 다르다. 그래서 어떤 용어들은 생소할 수도 있다. 좀 더 자세한 내용을 알고 싶다면 사전을 참조하기 바란다.

간충겔 mesogloea : 말미잘의 물로 찬 장기를 둘러싼 조직.

거대한 파도 rogue wave : 멀리 떨어진 폭풍이 작은 파도들을 밀어내 합쳐져서 형성되는 커다란 파도.

경계층 boundary layer : 다른 물(또는 공기)에 비해 느리게 움직이는 바닥이나 다른 표면에 가까이 있는 물(또는 공기) .

고체 solid : 일정한 형태를 가지고 있어 흐르지 않는 물질.

공기역학 aerodynamics : 공기 같은 기체의 움직임, 기체에 노출되는 물질에 작용하는 힘, 비행기 설계에 사용되는 공학 및 물리적 원리 등을 연구하는 학문.

동물학 zoology : 동물계와 관련된 생물학 분야.

무척추 동물 invertebrate : 어류, 양서류, 파충류, 조류, 포유류 이외의 동물 중 척추가 없는 동물.

물탱크 flow tank : 수족관같이 생긴, 물이 흐르는 긴 통. 유속과 파도의 변경 및 제어가 가능하다.

생체역학 biomechanics : 공학 법칙과 물리학 법칙을 이용해 생명체의 움직임과 구조를 분석하는 연구.

요각류 copepods : 바다와 호수에서 발견되는, 작고 새우처럼 생긴 플랑크톤 동물들. 크기가 참깨만 하다.

유체 fluid : 흐르는 성질이 있는 액체 또는 기체로, 용기에 담으면 그 모양대로 변한다.

유체역학 fluid dynamics : 액체와 기체가 어떻게 움직이는지를 연구하는 학문 분야.

유체정역학적 골격 hydrostatic skeleton : 지렁이나 해양 요각류처럼 몸이 부드러운 동물의 움직임을 가능하게 하고 지탱해주는 장치. 이 골격은 마치 물풍선처럼 생겨서, 유체로 채워진 몸통을 근육질 벽이 둘러싸고 있다.

유충 larvae : 태어날 때나 부화했을 때의 모습이 성체와 매우 다르게 생긴 생물. 예를 들어 개구리의 올챙이.

정착 신호 settlement cue : 해저에 서식하는 해양 생물들에게서 나는 화학적 냄새. 이 신호는 유충에게 서식지를 알려주기도 하고, 성장을 촉진시키기도 한다.

조간대 intertidal zone : 해안에서 해수면이 가장 높아졌을 때(만조, 밀물)의 해수면과 육지의 경계선인 '만조선'과, 해수면이 가장 낮아졌을 때(간조, 썰물)의 해수면과 육지의 경계선인 '간조선' 사이의 부분.

침골 spicules : 해면과 부드러운 산호 같은 다양한 동물에 나타나는 골격 구조. 침골은 이산화규소(유리) 또는 탄산칼슘(백악)으로 구성되어 있다.

풍동 wind tunnel : 실험 대상 물체 위에 설정된 속도로 바람 및 공기를 불어넣는 터널. 공기역학에 관한 자료를 수집할 수 있도록 해준다.

플랑크톤 plankton : 바다와 호수 같은 물속에 사는 작은 동식물.

해양학 oceanography : 해류, 해양과 관련된 화학이나 지질학, 그리고 해양에 살고 있는 생물을 포함한 해양의 모든 것을 연구하는 학문.

단위변환

아는 단위	곱하기 숫자	변환할 단위
인치	2.54	센티미터
피트	0.30	미터
야드	0.91	미터
마일	1.61	킬로미터
에이커	0.40	헥타르
파운드	0.45	킬로그램
센티미터	0.39	인치
미터	3.28	피트
미터	1.09	야드
킬로미터	0.62	마일
헥타르	2.47	에이커
킬로그램	2.20	파운드

더 읽을거리

지금까지 미미 코엘과 그녀가 이룬 업적을 모두 알아보았다. 아직도 생체역학자가 되는 게 어떤 건지 궁금한가? 여성 과학자에 관한 웹사이트 www.iWASwondering.org를 방문하면 로봇 공학자, 야생생물학자, 천문학자 등 다양한 분야에 몸담고 있는 여성 과학자들의 이야기를 접할 수 있다. 그곳에서 신나는 과학 모험을 즐길 수 있다. 게임을 하고, 만화를 즐기며, 과학자가 되어볼 수도 있다. 즐겁게 놀면서 세상을 바꾼 멋진 여성 과학자들도 만나보게 될 것이다.

도서

Berger, Melvin, Gilda Berger, and John Rice. 『*What Makes an Ocean Wave? Questions and Answers About Oceans and Ocean Life*』 **New York: Scholastic Inc., 2001.** 수중 세계로 들어가 바다에 관한 60가지의 중요한 질문들에 대한 해답을 들어보자. 파도가 치는 원리 외에도, 조류와 해양 동물에 대한 온갖 흥미로운 사실들을 배우게 될 것이다.

Lafferty, Peter. 『*Eyewitness: Force and Motion*』 **New York: Dorling Kindersley, 1999.** '물리학'이라는 단어가 어렵게만 느껴진다면, 이 책을 읽는 게 좋다. 물리학에 대한 두려움이 없어질 것이다. 물리학이 일상생활에 끼치는 영향을 알게 되면 아마 엄청 놀라게 될 것이다.

Royston, Angela. 『*Moving*』**(My Amazing Body Series) Chicago: Raintree, 2004.** 우리의 몸은 어떻게 움직이는지 궐까? 이 안내서는 우리 몸이 어떻게 움직이는지를 공학적·역학적으로 쉽게 설명해줄 것이다.

웹사이트

Friday Harbor Laboratories: http://depts.washington.edu/fhl/

미미가 첫 물탱크를 만들었던 해양 연구소를 방문해보자. 여기서 그녀는 말미잘이 해저로 내려가는 수수께끼를 풀었다. 이곳에서 제공되는 교육 프로그램을 훑어보자. 이 학교에 다니는 것을 한번 상상해보는 건 어떨까?

The Koehl Lab: http://ib.berkeley.edu/labs/koehl/

버클리 대학교에 있는 미미의 실험실을 둘러보자. 그녀와 그녀의 학생들이 현재 진행하고 있는 연구에 대해 알 수 있다. 생체역학, 해양생물학 혹은 생체역학을 하는 다른 과학자들에 대해서 더 알아볼 수도 있다.

Nudibranches: http://oceanlink.island.net/oinfo/nudibranch/nudibranch.html

갯민숭이 하나만 연구하면서 살아도 갯민숭이를 속속들이 다 알 수 없다. 이렇게 아름답고, 다양한 바다 동물들이 어떻게 서식하고, 성장하고, 번식하고 자신을 지켜내는지 한번 알아보자. 그리고 직접 이 생물들을 볼 수 있는 곳을 알아보자.

Women oceanographers: www.womenoceanographers.org/

해양과 해양 생물을 연구해서 우리의 이해도를 높이는 데 큰 기여를 했던 여성 해양 과학자들을 만나볼 수 있다.

Woods Hole Oceanographic Institution: www.whoi.edu

매사추세츠주 우즈홀에 위치한 세계 최대 규모의 해양학 연구소를 방문해 해양 여행을 떠나보자. 해양생물학에 관심이 있다면 꼭 가보자.

참고 문헌

이 책을 쓰기 위해 미미 코엘과 그녀의 가족, 친구 및 동료들과 인터뷰했을 뿐 아니라 여러 책을 읽으며 조사했다. 미미코엘이 조언해준 자료의 일부를 제시한다.

Gordon, J. E. *Structures: Or, Why Things Don't Fall Down*. 2nd ed. New York: Da Capo Press, 2003.

Koehl, Mimi A. R. *Wave-Swept Shore: The Rigors of Life on a Rocky Coast*. Berkeley, CA: University of California Press, 2006.

Shapiro, Ascher H. *Shape and Flow: The Fluid Dynamics of Drag*. Garden City, NY: Anchor Books, 1961.

Vogel, Steve, and Kathryn K. Davis (Illustrator). *Cats' Paws and Catapults: Mechanical Worlds of Nature and People*. New York: W. W. Norton & Company, 2000.

Vogel, Steve. *Comparative Biomechanics: Life's Physical World*. Princeton, NJ: Princeton University Press, 2003.

Vogel, Steve. *Life's Devices: The Physical World of Animals and Plants*. Princeton, NJ: Princeton University Press, 1988.

Vogel, Steve, and Annette deFerrari (Illustrator). *Prime Mover: A Natural History of Muscle*. New York: W. W. Norton & Company, 2003.

Wainwright, Stephen A. *Axis and Circumference: The Cylindrical Shape of Plants and Animals*. Cambridge, MA: Harvard University Press, 1988.

Wainwright, Stephen A., et al. *Mechanical Design in Organisms.* Princeton, NJ: Princeton University Press, 1982.

시리즈 자문위원회

이 시리즈를 기획하고 발전시키는 데 수많은 훌륭한 분들이 시간을 내주고 조언해주었다. 시간과 재능을 나누어준 다음 분들에게 감사드린다.

〈전문가 자문단〉

맥신 싱어 Maxine Singer(자문단 위원장) 생화학자. 워싱턴카네기협회 전 회장.

새러 리 슈프 Sara Lee Schupf 새러리 기업Sara Lee Corporation의 수장으로 과학계 여성의 헌신적인 지지자.

브루스 앨버츠 Bruce Alberts 분자세포생명과학자. 미국 국립과학원 회장, 미국 연구위원회 회장(1993~2005).

메이 베렌바움 May Berenbaum 곤충학자. 일리노이 대학교(어배나, 섐페인) 곤충학과 학과장.

리타 R. 콜웰 Rita R. Colwell 미생물학자. 메릴랜드 대학교 및 존스홉킨스 대학교 석좌교수. 미국 국립과학재단 전 이사장.

크리슈나 포스터 Krishna Foster 캘리포니아 주립대학교(로스앤젤레스) 화학·생화학학과 조교수.

앨런 J. 프리드먼 Alan J. Friedman 물리학자. 뉴욕과학관 관장.

토비 혼 Toby Horn 생명과학자. 워싱턴 카네기협회의 과학교육 카네기 아카데미 공동 소장.

셜리 잭슨 Shirley Jackson 물리학자. 렌셀러 폴리테크닉 연구소 소장.

제인 버틀러 케일 Jane Butler Kahle 생명과학자. 마이애미 대학교(옥스퍼드, 오하이오) 과학교육학과 교수.

바브 랭그리지 Barb Langridge 하워드 카운티 도서관 어린이 전문가. WBAL-TV 어린이 도서 평론가.

제인 루브첸코 Jane Lubchenco 오리건 주립대학교 해양생물학과 동물학 교수. 국제과학협의회 회장.

프레마 마타이-데이비스 Prema Mathai-Davis 미국 YMCA 전 회장.

마르시아 맥너트 Marcia McNutt 지구물리학자. 몬터레이만 아쿠아리움 연구소 소장.

팻 스캘스 Pat Scales 사우스 캐롤라이나 예술인문 거버너스 스쿨 도서관 서비스 회장.

수전 솔로몬 Susan Solomon 대기화학자. 미국 국립해양대기청 초고층 대기 물리학 연구소의 원로 과학자.

셜리 틸먼 Shirley Tilghman 분자생명과학자. 프린스턴 대학교 총장

게리 휠러 Gerry Wheeler 물리학자. 국립과학교사협회 전무이사.

〈도서관 자문단〉

미국 전역의 많은 학교와 공공 도서관이 샘플 디자인과 본문을 친절하게 검토해주었고, 책의 포맷에 관한 질문에 답해주었으며, 책을 발간하는 동안 계속해서 전문적인 자문을 해주었다.

배리 M. 비숍 Barry M. Bishop 도서관 정보 서비스 팀장, 스프링 브랜치 교육청(휴스턴, 텍사스)

대니타 에스트먼 Danita Eastman 어린이 책 평가사, 로스앤젤레스 카운티 공공 도서관(다우니, 캘리포니아)

마사 에드먼드선 Martha Dedmundson 도서관 서비스 코디네이터, 덴튼 공공 도서관(덴튼, 텍사스)

달시 페어 Darcy Fair 어린이 서비스 매니저, 벅스 카운티 도서관(야들리, 펜실베이니아)

캐슬린 핸리 Kathleen Hanley 스쿨 미디어 전문가, 코맥 로드 초등학교, (아이슬립, 뉴욕)
에이미 라우티트 존슨 Amy Louttit Johnson 도서관 프로그램 전문가, 플로리다 주립 도서관 및 기록 보관소(탤러해시, 플로리다)
매리 스탠턴 Mary Stanton 청소년 전문가, 자료 선정 사무국, 휴스턴 공공 도서관(휴스턴, 텍사스)
브랜다 G. 툴 Brenda G. Toole 교육 미디어 서비스 감독관(파나마시티, 플로리다)

〈학생 자문단〉

이 시리즈를 비평하고 평가함으로써 도움을 준 다음 학교와 기관의 학생들에게 감사드린다. 디자인과 이야기 진행에 관한 피드백(개선을 위한 정보나 의견)이 본 프로젝트를 진행하는 데 지대한 영향을 미쳤다.

아그네스 어윈 스쿨(로즈먼트, 펜실베이니아)
라콜리나 중학교(샌타바버라, 캘리포니아)
하커데이 스쿨(댈러스, 텍사스)
중부 메릴랜드 걸스카우트, 주니어 걸스카우트 지구대 #545
중부 메릴랜드 걸스카우트, 주니어 걸스카우트 지구대 #212

도판의 출처

표지, 9 © 2004 Lise Dumont; 13 Mike Hadfield; 15 Courtesy Bob Paine; 21 Museum of the Rockies; 22 Steve Moore; 32(오른쪽), 40 Mimi Koehl; 44 Terry Wild Studio; 49, 50 Mimi Koehl; 54 D. Weisman/© Woods Hole Oceanographic Institution; 56 Les Todd/Duke University Photography; 60 Ken Sebens; 66 Courtesy Steve Wainwright; 69 © 2000 PhotoDisc; 70 Mimi Koehl; 74(위) NOAA; (아래) Robert Steelquist, Olympic Coast National Marine Sanctuary; 76 Courtesy Bob Paine; 78(위) Robert Steelquist, Olympic Coast National Marine Sanctuary; (아래) Ken Sebens; 80, 81, 86, 88, 91, 92, 94(오른쪽) Mimi Koehl; (왼쪽) Steven Fisher; 101 A. Richard Palmer; 103 Mimi Koehl; 104 Ken Sebens; 108 © 1992 PhotoDisc; 111(위) © Friday Harbor Laboratories; (아래) Megumi Strathmann; 116 Skycell Ltd.; 117 Courtesy John D. Currey; 119(아래) Jim Greenfield/imagequestmarine.com; (위) Mimi Koehl; 131 Courtesy Ellen Daniell; 134(왼쪽) Mimi Koehl and G. Paffenhofer; (오른쪽) Mimi Koehl; 138(위) Mimi Koehl; (아래) Zack Powell; 140 © 2000 PhotoDisc; 145, 147 Mimi Koehl; 148 Courtesy Joel Kingsolver; 152 Mary Koehl; 157 Mike McCay; 158 Ellen Daniell; 162 Bob Koehl; 167 Jim Higgins; 171 Mimi Koehl and Jeff Koseff; 174 Mike Hadfield; 177, 179, 180 Mimi Koehl; 182, 184, 187(위) Mike Hadfield; (아래) Robin B. Kinnel, Professor of Chemistry, Hamilton College; 188 Steven Gross; 192 James H. Pickerell; 193 Mimi Koehl; 195 James H. Pickerell; 200(위) Mick Ellison; (아래) Courtesy Karen Yang

일러스트: Max-Karl Winkler

거침없이 도전한 여성 과학자 08
자연의 기계 : 생체역학자 미미 코엘

초판 발행 2017년 10월 20일

글쓴이 드보라 파크스
기획 한국여성과총 교육홍보출판위원회
옮긴이 한국여성과총 교육홍보출판위원회
강인숙 권오남 김인선 남영미 박진아 변인경 여의주 이숙경 이종은 조성경 최영림 홍은주
펴낸이 김정순
편집 허영수 주이상
디자인 김진영 모희정
마케팅 김보미 임정진 전선경
펴낸곳 (주)북하우스 퍼블리셔스
출판등록 1997년 9월 23일 제406-2003-055호
주소 04043 서울시 마포구 양화로 12길 16-9(서교동 북앤빌딩)
전자우편 henamu@hotmail.com
홈페이지 www.bookhouse.co.kr
전화번호 02-3144-3123
팩스 02-3144-3121

ISBN 978-89-5605-820-7 04400
978-89-5605-777-4 (세트)

* 본 출간 사업은 과학기술진흥기금 및 복권기금의 지원을 받아 진행되었습니다.

이 도서의 국립중앙도서관 출판시도서목록(CIP)은 서지정보유통지원시스템 홈페이지(http://seoji.nl.go.kr)와 국가자료공동목록시스템(http://www.nl.go.kr/kolisnet)에서 이용하실 수 있습니다.(CIP제어번호: CIP2017024765)